解构之维

当代景观的形态语言

Dimension of Deconstruction

Morphological Language of
Contemporary Landscape

邹喆　易西多　著

WUHAN UNIVERSITY PRESS
武汉大学出版社

图书在版编目（CIP）数据

解构之维：当代景观的形态语言/ 邹喆，易西多著 . —武汉：武汉大学
出版社，2024.10（2024.11 重印）
ISBN 978-7-307-24179-4

Ⅰ.解…　Ⅱ.①邹…　②易…　Ⅲ.景观设计　Ⅳ.TU983

中国国家版本馆 CIP 数据核字（2023）第 234660 号

责任编辑:胡　艳　　　责任校对:李孟潇　　　版式设计:马　佳

出版发行:**武汉大学出版社**　（430072　武昌　珞珈山）
　　　　（电子邮箱:cbs22@whu.edu.cn　网址:www.wdp.com.cn）
印刷:武汉邮科印务有限公司
开本:787×1092　1/16　印张:15　字数:274 千字　插页:1
版次:2024 年 10 月第 1 版　2024 年 11 月第 2 次印刷
ISBN 978-7-307-24179-4　　　定价:68.00 元

序

　　斗转星移，一晃就是十多年！邹喆从开始这个选题起，就表现得十分困惑，整个写作过程就是在希望与矛盾的不断挣扎中完成的，反复论证——质疑——再研究——再质疑——几近崩溃——艰难前行——如释重负！整个写作过程的艰辛，似乎在论证着学人之道——在求道过程中的不屈精神与艰难历程的表征。

　　解构主义建筑自 20 世纪 80 年代开始滥觞，因其多样化与"怪诞"的形式特征，迅速成为时代的新宠。随后如雨后春笋，在世界各地疯狂传播，至今依然是世界建筑设计的主流形式。从彼得·埃森曼（Peter Eisenman）维克斯纳视觉艺术中心（The Vexner Center for Visual Art）的去轴线制约而呈现出的断轴与肢解形态开始，到丹尼尔·里伯斯金（Daniel Libeskind）的柏林犹太人博物馆（The Jewish Museum Berlin）的曲轴或折轴，再到弗兰克·盖里（Frank Gehry）毕尔巴鄂古根海姆博物馆（The Guggenheim Museum Bilbao）的无轴及自由奔放的外在形象（尽管埃森曼本人并不认为弗兰克·盖里是一个完整意义上的解构主义建筑师）。当然，其间无论是伯纳德·屈米（Bernard Tschumi）强调建筑的模糊性和不确定性，还是雷姆·库哈斯（Rem Koolhaas）以极其硬派的方式炫耀人类技术的进步成果，试图将建筑的宏大风格推向极致，以及扎哈·哈迪德（Zaha Hadid）在自由曲线上的舞蹈，都给这个时代的建筑烙下了异彩纷呈的形式化格局和深深的印迹！它是一个时代的真实写照投射到建筑上的映像，同时也是一个时代思想的结晶与意识形态的价值走向。

　　解构主义因其形式的外显性语言而引人瞩目，但是一种主义和流派仅仅靠外形是很难长存的，研究形式背后的成因才是核心。张汝伦先生说："哲学既不是一种知识形式，也不是一种获得知识的手段，而是一种文化批判行为模式。"因此，尽管解构主义首先是以一种哲学的面貌呈现出来的，但是它不应该以意义与价值来衡量，我们更应该以一种洞察的方式来了解世界的变迁与进程！一个行业如果能持续存在并发展，那一定是与时俱进的结果，尤其是"设计"，在今天依然焕发出迷人的光彩，只能证明它一定是在历史进程中不断修正与历史需求关系而得以演进与发展的结果。设计早已从"规范一个器物的图案与形制"的制约中解脱出来，成为一个服务行业、一个解决问题的手段、一种创意活动、一种生活方式、一种意识形态的语言载体……当然，从普适性意义上讲，设计依然是以满足人们物质需求为目的，但是，随着人们物质需求的不断提高，人们不仅仅满足于物质的功能性内容，还需要通过物质性的消费来满足精神上的诉求。设计的意识形态已经深入所有的产品之中是不争的事实，品牌的价值正是这种意识形态下的产物。谁能说出奢侈性品牌的产品设计在形式语言上的优美性是不是更符合我们所谓的形式美规律呢？历史告诉我们：工业革命初期，机械化大生产所带来的"机械美学"（mechanical aesthetic）正是由于机械自身所的优势以及局限性所带来的必然结果。当然，"上帝死了"人本主义的兴起是人类从意识形态上新的价值取向，这种价值取向的结果直接导致人类对于科学与技术的新崇拜（"人定胜天"就是这种新崇拜的极致表现）。在"机械美学"主导下，对于工业力量的崇拜及简单的几何形态组合便成为那个时期一统江湖的国际主义风格（international style），而 20 世纪 60 年代以后在"文脉主义"（contextualism）主导下滋生的后现代主义（postmodernism）所呈现出的复古思潮、装饰语言，正是人类对于工业革命的一次重要的反思过程。尽管这种反思并不会引导社会走向一个全新的领域，但是其意义却在于纠偏。它是人类在现代化进程中的一次非常重要的"回流"，这个历经二十余年的"回流"使得人类迅猛发展的工业革命进程得以缓和。工业革命尽管取代了绝大部分人类的体力劳作，但它以消耗自然资源为发展基础，短短百年时期所带来的对人类生存环境的破坏性却难以估量！人类如何发展，如何持续性发展，已成为后工业时代人类新的思考与发展方向。高科技（high-tech）风格的短命与生态主义（ecologism）的兴起绝不是空穴来风，它是人类社会发展的必然。当代社会呈现的多元化格局也正是人类发展所面临的十字路口，设计形式与风格的多元化，极简主义（minimalism）、仿生设计（bionics design）、新现代主义（neo-modernism）、新地域主义（new regionalism）、新民族主义（new nationalism）、解构主义（deconstructivism）等并行不悖，正是这种社会状态的具体表现。

　　任何产品都是以具体的物质形态呈现在人们面前的，这是设计作品的界面语言，也是其物质形态固有的视觉语言。设计作品就是通过这样一些形态、材料、色彩等语言在与人们进行沟通与交流，并传递着某些深层的信息与内容。因此，对于形式语言的研究绝不应该继续局限于传统的审美体验与感受（最著名的莫过于形式美规律或法则），应该对来自形态背后的语义及成因进行研究。只有这样，我们才能更深刻地理解形式背后的语义以及推动这类形式语言成为流行思潮的社会性因素。也只有这样，我们才能知其"源动力"，才能对这类形态语言有着本质上的理解与把握，同时也能对其未来的走向、演变与发展有某种程度的预判。"源动力"的研究需要我们从更为宏观的领域和更广的视野来看待一种新形式滋生的社会性因素、科学技术发展带来的影响力以及自身领域发展所导致的必然结果。

　　由于解构主义从一个哲学范畴滥觞于国外，进而成为在建筑设计领域大放异彩的设计风格，因此大量有代表性的作品散落在世界各地，这给资料的收集带来非常大困难。除了知识产权的原因外，建筑或景观作品作为一个空间产品具有强烈的四维属性，这种四维属性绝不是通过二维的书籍或虚拟三维的图片所能解读的，它需要的是身临其境的感受与体验，也只有在亲历的过程中才能真正理解和感受设计的真意。这就从客观上要求作者对于空间作品的解读建立在其亲力亲为的基础之上，于是相关作品数量会受限，而且也对设计作品的解读深度造成极大障碍，自然也极大地影响到成书的速度。为了能尽快完成写作，作者只能在参考同类作品的基础上大量采用手绘本的形式，以避免侵权，这也会导致视觉的偏差及空间的客观感受的非真实性，在此特予以说明并代序。

易西多

教授，博导

2024 年 6 月

前　言

　　景观设计思想是社会历史的产物。在工业社会之前，西方人主要从先验理性的角度去探寻美的本质，其景观设计形态大多在对自然物的模拟与再现的过程中呈现出强烈的轴线对称特征；而东方人则推崇直觉感悟，体察人与自然的情感关联，追求"天人合一"的精神境界。步入工业社会之后，受技术理性和人本精神的双重影响，西方景观设计形态开始由自然式向均衡式转化。中国步入工业社会的时间较晚，但其景观形态也呈现出与西方相似的特征。直到后工业与信息时代，生态可持续发展成为全人类的核心议题。在西方消解主体、解构自我的大众文化精神泛滥的社会情境下，"多样性""开放性""流变性"和"自组织"状态成为景观设计形态的主流。在当代全球化、信息化、大数据的开放语境中，中国受到西方文化的冲击，其景观设计也在不同程度上出现了解构的共时性形态。景观设计形态的解构昭示了一种全新的世界观和生活观，成为当代社会具有观念性、辐射性和先锋性的人类精神象征。

　　西方思想意识"逻辑—结构—后结构"的嬗变，不仅体现了景观创作观念和形式技法发展的内在逻辑，而且也映射了不同时期的西方社会生活状况及美学诉求。20世纪60年代，以雅克·德里达（Jacques Derrida）为代表的西方解构主义哲学流派，强烈地批判和颠覆了自古典主义以来西方奉为至高无上的"逻各斯中心主义"，消解了自现代主义以来的"二元对立"结构，并揭示了后现代社会复杂、混沌和多元化的特征。随后，彼得·埃森曼（Peter Eisenman）等建筑师以敏锐的创新意识回应时代的巨变，大胆地推翻了传统的建筑话语体系，将解构主义哲学引入建筑形式语言的研究，创造了大量无中心、分裂、残缺、错位、不稳定的建筑形式，掀起了世界范围内对设计概念、内容、美学、意义及价值进行重新定义的浪潮。景观美学的发展历来与哲学、美学、文学、艺术和建筑观念的变革一脉相承，揭示其形式表象背后隐藏的普遍共性，是认识世界本质的根本途径。在当代信息爆炸和快速全球化的冲击下，传统的思维方式远不能应对当代环境、经济和技术的急剧变化，以解构的创造及开拓精神开展对设计思维、形式及方法的变革和探索势在必行。

本书是在我的博士论文《解构主义语境下的当代景观形态语言研究》的基础上完成的。博士毕业后，我曾前往我国台湾中原大学地景系、新西兰维多利亚大学建筑学院和澳大利亚斯威本科技大学艺术与设计学院访学。在此期间，我查阅文献、交流访谈，参与新西兰"东方湾"中国园设计等实践项目，探寻西方的解构思想与中国传统文化的契合点，以及将解构主义方法论转化为设计实践智慧的有效途径。博士论文从选题、写作到完成，都倾注了导师易西多教授的大量心血。在本书的第五章中，易西多教授展示了其主持设计的武汉理工大学创新创业园、诺唯凯生物有限公司和珠海石景山公园建筑与景观设计方案，我从中解读了解构主义理念介入当代景观设计的切实途径。研究表明，当代景观设计学研究已超出传统的功能和美学范畴，延伸成一种解决复杂社会问题的策略和手段。本书力求对饱受争议的解构主义设计的审美旨趣作出相对公正和客观的评判，以辩证的方法解析当代语境中景观形态解构的语言表征、语义内涵和美学精神，从而发掘其作为一种富有批判性和创新性的前卫设计观念和方法在景观设计实践中的应用价值。将解构主义方法论应用到中国当代景观设计实践中，我们期望为中国传统园林在当代语境中的再生提供有价值的建议，从而创造出人与自然和谐共生的多元化景观世界。

邹　喆

2024 年 6 月

目录 | CONTENTS |

第一章
当"解构主义"介入"景观"

第一节 研究的缘起

西方社会的思想意识形态"逻辑—结构—后结构"嬗变，不仅体现了景观创作观念和形式技法发展内在的逻辑规律，同时也映射了不同时期西方的社会生活状况及审美诉求。农业社会时代，西方人以理性去探寻美的本质，崇尚"神"的意志。景观形态大多具有强烈的轴线对称特征，通过对自然物的模拟与再现，赋予其独立的审美价值和精神情感；工业时代，科技革命在创造巨大的经济和社会效益的同时，造成了环境污染的负面效应。人本主义复苏，设计形态大多以"均衡"为美；后工业与信息时代，生态复育、资源利用、地域景观营造成为促进人类可持续发展的核心问题。在依托数字化信息技术创新建构的全球化网络中，"多样性""开放性""流变性"和"自组织"状态成为设计形态的主流，它昭示了全球化、信息化、大数据时代全新的世界观和生活观，成为混沌的当代社会中具有观念性、辐射性和先锋性的人类精神象征。

在当今全球化政治、文化、经济一体化的时代背景下，资本、技术、产品、信息的互通、共享逐步成为常态。人类正处于一个瞬息万变的多元、复杂、共生的时代。信息技术革命消解了传统的时空概念，使电影、电视、摄影、虚拟现实等影像文化颠覆了人们传统的思维模式和生活方式，并日渐形成一种崭新的文化形态。东西方的交流与合作突破了国家疆域和意识形态的限制，日益紧密且呈现出多方趋同的趋势。在此过程中，西方国家凭借其强大的经济基础，支配着全球的文化主导权和政治话语权。从工业时代到后工业时代，西方社会在由现代向后现代嬗变的过程中，其意识形态出现了某些明显的畸变的价值取向或精神症候，文化批判的精神现象以迅雷不及掩耳之势波及世界各国。自 20 世纪 60 年代以来，雅克·德里达(Jacques Derrida)、米歇尔·福柯(Michel Foucaul)、吉尔·德勒兹(Gilles Deleuze)等哲学家无情地批判和颠覆了自古希腊以来西方传统哲学中奉为权威的"逻各斯中心主义""语言中心主义"及现代主义的宏大叙事理论，否定一切既定的标准和原则，揭示了后现代社会的多元复杂特征，以及在二元对立结构中长期处于从属地位的亚文化的价值和意义。西方解构主义哲学思潮迅速引起了全世界设计领域的轩然大波，大量的解构主义设计理论和实践激发了人们对当代设计概念、内容、意义、范式和价值的重新审视。彼得·埃森曼(Peter Eisenman)的"自足的建筑学"、弗兰克·盖里(Frank Owen Gehry)的"构造美学"、雷姆·库哈斯(Rem Koolhaas)的"都市狂想"、伯纳德·屈米(Bernard Tschumi)的"概念与记号"、扎哈·哈迪德(Zaha Hadid)的流体型建筑昭示出新的时代语境下未来设计形态的历史性变革趋势，也作为当代人类精神的外显，引导当代人朝向"更当代"的精神生活。

景观设计的美学观念自古以来与建筑设计思潮休戚相关，但由于自身的特性，其发展相对滞后。当代景观蕴含着丰富的世界观、人生观、价值观和审美观，它如何反映时代精神？如何满足信息时代社会生产和生活的多重要求？如何实现人与环境的可持续发展？如何处理传统文化和科技发展之间的矛盾？一系列问题不禁引发我们思考当代语境下景观的内涵和外延、价值取向及历史使命。与此同时，信息技术广泛地介入人们的日常生活，并颠覆了其生活和交往方式，不仅极大地拓展了复杂形态设计创作的广阔空间，而且创造出超越时空维度的富有动态性、参与性、娱乐性、可视化的人机交互空间体验。在此背景下，当代景观的形态语言及其深层语义瞬息万变，以动态的观念、解构的视角建构蕴含当代精神的景观设计语言体系，对于赓续中国优秀的园林文化具有重要意义。

本书以 20 世纪 60 年代以后的当代人工几何景观形态为研究对象，反思和批判当代社会、哲学和设计语境与景观形态的关系，以阐明景观形态嬗变的内在成因及本质，形成一种新的景观认知方式。突破了既往研究视角的局限，辨析当代景观形态语言的语汇和语法的"解构"特质，挖掘景观物态表征背后景观文本的语义内涵、景观审美范式和多元文化精神。在此基础上，提出中国园林景观的再生设计策略，以解构主义视角理解、描述和干预当下复杂的景观系统，丰富和拓展数字时代中国园林的设计观念与方法体系。研究不仅对于在全球化碰撞、融合、发展与创新的时代中创造人与自然"和谐共生"的当代景观具有重要的理论与实践价值，而且为创造富有中国文化精神的当代风景园林实践提供了可资借鉴的启示。

第二节 "解构主义"的滥觞

"解构主义"是 20 世纪 60 年代兴起于法国的思想流派。"解构"（deconstruction）一词的字根来自"解""瓦解"（toundo，deconstruct），是解构主义的领袖——法国哲学家德里达（Jacque Denida）从海德格尔的哲学概念 Destruktion 发展而来的。在其看来，任何给"解构"下定义的做法都是自取谬误。"解构"是一个形而上学、具有强烈思辨意味、超前的时间和社会意义的动态概念，在差异化语境中，含义迥然不同。他试图通过"解构"，消解结构主义方法论中意识形态的二元对立。在文本意义被分解的过程中，对立双方在一定程度上互相削弱或转化。"'解构'并非为了证明这种意义的不可能，而是在'作品之中'（'构'）解开、析出意义的力量（'解'），使一种解释法或意义不致压倒群解。"①此观点对哲学、语言学和文艺批评领域影响深远。在文学领域，"解构"通常被理解为一种关注自身的、去中心化的阅读方法，以揭露一切中心的不确定性。事实上，它是一种精神指向、前卫姿态、另类方法和消解过程，存在于文学、电影、建筑、艺术等诸多学科领域中，是全球化信息时代出现的一种特殊的文化形态。

"解构主义"反对逻各斯（Logos）中心主义思想传统，力求打破单元化的旧秩序，并创造一种更为合理的新秩序。德里达的核心思想即是颠覆传统的二元对立命题，全面置换这个系统，通过某种方法使一方介入到其对立面中。作为一种哲学立场、思维策略和阅读模式，严格意义上，解构主义并未形成统一的学派或共同的理论纲领。解构主义者的共同之处在于具有相似的"解构"思想，尽管风格迥异，但皆具个性突出、前卫另类的特点。他们认为，传统的"毋庸置疑"的"真理"严重地禁锢了人们的思想，试图以消解的手法追求全新的视觉感受。"解构主义可以说是后结构主义思潮中最重要一部分，

---

① 朱立元，张德兴，等.二十世纪美学(下)[M].北京：北京师范大学出版社，2013：270.

从某种意义上说，它代表着整个后结构主义。"①本书所研究的"解构主义"范畴是与解构主义建筑思想观念一脉相承的、具有前卫文化性质的思想和形态，与此同时也是一种创作方法和设计美学。

"语境"（context）一词，源于拉丁语中的"texere"，意为编织（contexere）。这一概念最早是由现代人类学奠基人马林诺夫斯基（Bronislaw Malinowski）于1923年提出的。最初用于语言学，是指"编织在一起""参与到一起""构成"等含义，分为文化语境（contextof culture）和情景语境（context of situation）。伦敦语言学派创始人弗斯（J. R. Firth）将语境定义为由语言因素，如词、短语、句子所构成的上下文和情景的上下文，其含义衍变为某一事件的环境或背景。海姆斯（E. A. Hymes）认为，"'语境'是话语的形式和内容（form and content of text）、背景（setting）、参与者（participant）、目的（ends）、音调（key）、交际工具（medium）、风格（genre）和相互作用的规范（interactional norms）等"②。约翰·莱昂斯（John Lyons）在《语义学》中将"语境"定义为："具体的情景中抽象出来的对语言活动者产生影响的一些因素，这些因素系统地决定了话语的形式、话语的合适性以及话语的意义。"③

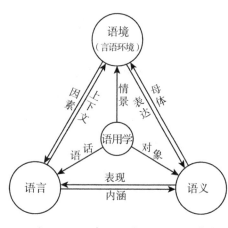

图1-1 语境、语言及语义的关系

综上所述，"语境"是指由一系列主客观因素构成的言语交际的环境。该词原本隶属于语言学范畴，但随着西方哲学和美学思维的深刻转变，其内涵早已超越了传统意义上的纯粹语言学概念，而成为一种具有哲学和方法论意义的理论工具。"语境"具有强烈的社会意识形态色彩，它使事物存在的本质和意义得以彰显。但其含义常被简单地视作等同于"背景"或"环境"，是目前普遍存在的一种滥用现象。作为一种行之有效的研究方法和理论工具，当代语境理论无论在自然科学或社会科学领域，都体现了重要的研究方法论价值，潜移默化地影响人的思维方式，"每

---

① 朱立元，张德兴，等.二十世纪美学(下)[M].北京：北京师范大学出版社，2013：270.

② Hymes D. Models of the Interaction of Language and Social Life[A]. In：J. Gumperz & D. Hymes (eds.). Directions in Sociolinguistic[C]. New York：Holt, Rinehart & Winston Press, 1972：64.

③ Lyons, John, Linguistic. Semantics[M]. London：Cambridge University Press, 1997.

一个人或每一件事物都存在于一个语境——一个环境和关系的架构之中。"①语境理论在现代哲学研究和思维认知领域发挥了至关重要的作用,本书将其作为一种哲学意义上的理论工具延伸到景观设计学领域。景观文本是一个蕴含丰富意义物质实体,被人所认知、解读、参照和体验。解构主义语境赋予景观文本意义,是景观主体——"人"针对景观对象——"物"而建构起的被解构的结构。解构主义语境与景观文本依赖于意义联系而存在,景观文本呈现出解构主义的结构性、多义性、层次性、动态性等特征。诚如安妮·斯派恩(Annie Whiston Spirn)所言:"与词汇意义的产生相类似,直到被语境塑造之前,景观元素的意义不过是潜在的。"②当景观文本被置于解构主义语境中,景观元素才会真正获得解构主义语言要素的性质,从而产生实际的意义。

第三节 "景观"的概念阐释

一、"景观"的概念溯源

从词源学来看,"景观"一词在古代丹麦语"landskab"、德语"landschaft"、荷兰语"landschap"和英语"landscape"中都由前缀"land"和后缀两个词根组成,前缀"land"指代"人类生存的土地",后缀指"共生关系"。《圣经》旧约全书中最早出现了"景观"一词,意指神殿、皇宫和庙宇,含义类似于"风景、景色"。③ 17世纪初,景观(landscape)作为一个描述自然景色的绘画术语从荷兰语(Landschap)中被引入英语,意指"描绘内陆自然风光的绘画",后来引申到指代自然风景和田园景色;18世纪,英国学派从风景绘画中获得灵感,将风景绘画的主题或造型逐渐移植到园林景观中,"景观"与造园的关系更加密切;19世纪后,景观的含义更加丰富,不同专业背景下对其概念的解读也各有侧重。20世纪初,地理学家索尔(Sauer)提出"景观形态学"的概念,以指代地理学研究的对象,将"景观"定义为自然和文化形式相结合的区域,认

---

① [美]理查德·加纳罗,特尔玛·阿特修勒. 艺术:让人成为人[M]. 舒予,译. 北京:北京大学出版社,2007:18.
② Ann Whiston Spirn. The Language of Landscape[M]. New Haven:Yale University Press,2000:15.
③ 俞孔坚. 论景观概念及其研究的发展. 景观:文化·生态·感知[M]. 北京:科学出版社,1998:7.

图1-2 美国芝加哥千禧公园云门雕塑 The Bean

为其是一个实证科学而非美学的研究对象。

1950年,美国景观设计师协会（American Society of Landscape Architects，ASLA）在会章中将"景观"定义为："一种安排土地及其地上物以适合人类利用和享受的艺术。"①由盖里设计的美国非常具有代表性的芝加哥千禧公园（Millennium Park，2004），就是一处享誉世界的景观艺术中心。其中，由英国艺术家安易斯（Anish）设计的一座重达110吨的曲面型云门雕塑宛如一粒巨大的豌豆，让人不由自主地参与其中，体会探险的极大乐趣，这件作品以超常动感的视觉艺术语言在当代设计史中堪称里程碑。《欧洲景观公约》（*European Landscape Convention*）将其定义为："被人们感知的一块地域，其特征的形成源于自然因素和人为因素的单独作用或相互作用。简而言之，景观其实就是指被人们观察或感知到的土地。"②显然，这个定义过于宽泛，几乎囊括了地球上的一切事物。诸如"荒野"作为未经人为因素干扰的区域是否能被纳入"景观"的范畴，在学术界颇有争议。赞成者认为这一点不言而喻，自然资源作为"景观"存在的价值无可厚非；而反对者则认为它只具备"景"的特质，而忽视了"观"的存在。例如，汤姆·特纳（Tom Turner）说，"景观是指留下了人类文明足迹的地区"，强调了人的参与性对于景观的意义。随着时光更迭，"景观"的概念不断演进，在变化的过程中被赋予了更加丰富的内涵。

从时间上界定，受19世纪末20世纪初"现代运动"（modern movement）的影响，"现代景观"（modern landscape architecture）是指"经历了'现代运动'之后，伴随着现代绘画、现代雕塑和现代建筑而产生的新型景观"③。"当代景观"是指20世纪四五十年代第三次

---

① https：//www.asla.org/default.aspx.
② [美]罗伯特·霍尔登，杰米·利沃塞吉.景观设计学[M].朱利敏，译.北京：中国青年出版社，2015：13.
③ 王向荣.林箐.西方现代景观设计的理论与实践[M].北京：中国建筑工业出版社，2014：11.

科技革命以后产生的景观。刘滨谊教授指出，建筑、城市规划和景观规划设计学三个学科正在走向融合，必须"三位一体"地考虑，尤其是"城市规划要和景观规划合作"①，且景观学在建筑大学科中的"比重正在日趋加大"②。美国宾夕法尼亚大学景观系教授詹姆斯·科纳(James Corner)认为，景观的"全部效应已经延伸为一种综合的、战略性的艺术形态，这种形态可以使不同的竞争力量(如社区选民、政治期望、生态进程、功能需求等形成新的自由而互动的联合体"③。他在20世纪90年代明确提出"城市作为景观"(landscape as urbanism)的构想，认为只有发挥想象，将各种建成环境的类别进行综合性的重组，人类才能逃脱后工业时代的困境，并克服景观规划职业中"官僚的"和缺乏创造力的弱点④。他在"景观都市主义"宣言中声称："建筑、景观、城市设计和规划这些专业领域内的某些要素，似乎已经开始融合成一个共同的实践类型——'景观都市主义(landscape urbanism)'，正如合成这一概念所期望描述的那样，'景观'一词在其中具有核心的意义。"⑤他将当代城市视作一种新型的景观，利用景观模式重新评估当代城市条件。大都市是向水平延展的动态景观系统，城市与乡村、自然与人工的二元对立在其中被消解了，形成了由各种要素和作用力相互交错影响的复杂景观系统，库哈斯称其为"之间"(in-between)的空间和动态变化的过程。挪威建筑理论家诺伯格·舒尔茨(Norberg Schulz)认为，"景观位于建筑和城市的更上层"⑥。作为场所精神理论的倡导者，他将建筑和城市纳入景观的范畴，意味着城市、建筑和景观都不能被孤立地看待。景观作为一定地域范围内形态或空间的基底(matrix)，其中的各种建筑要素和非建筑要素之间存在着复杂的互动关系。建筑安插在景观这一基底之上，与其周围环境构成了城市，而城市在本质上就是作为景观的存在。科纳、迈克尔·范·瓦肯伯格(Michael van Valkenburge)和乔治·哈格里夫斯(George Hargreaves)等先锋设计师认为，当代景观在城市中的角色主要体现在生态、社会和经济层面。景观作为环境的改造和更新活动，需要

---

① 刘滨谊. 现代景观规划设计[M]. 南京：东南大学出版社，2005：114.
② 刘滨谊. 现代景观规划设计[M]. 南京：东南大学出版社，2005：239.
③ [美]詹姆士·科纳. 论当代景观建筑学的复兴[M]. 吴琨，韩晓晔，译. 北京：中国建筑工业出版社，2008：2.
④ Waldheizn. Charles：The Landscape Urbanism Reader[M]. Princeton：Princeton Architecture Press，1996：22-33.
⑤ [美]查尔斯·瓦尔德海姆. 景观都市主义[M]. 刘海龙，等，译. 北京：中国建筑工业出版社，2011：9.
⑥ [挪]诺伯格·舒尔茨. 存在·空间·建筑·建筑师[M]. 尹培桐，译. 北京：中国建筑工业出版社，1986：226.

"引入新的城市文化理念，探索与自然互动的、可持续的景观管理模式"①。北京林业大学王向荣教授将景观定义为："地球上天然形成的地表物以及附加在这些地表物上的人类活动所留下来的形态，也就是说地球的表面有两种类型的景观。一种是天然的景观（landscape of nature），包括山脉、峡谷、海洋、河流、湖泊、沼泽、森林、草原、戈壁、荒漠冰原等，它们是各种自然要素相互联系形成的自然综合体。另一种是人类的景观（landscape of man）。这是人类为了生产、生活、精神、宗教和审美等需要不断改造自然，对自然施加影响，或者建造各种设施或构筑物后形成的景观。"②他强调，景观是随着自然和人类活动的作用而不断动态变化的。

综上所述，当代社会、经济、文化、艺术的动态变化，折射出"景观"已成为一个涵盖诸多景象的综合概念。它消弭了城市、建筑和景观之间的界限，在与人的交互过程中不断生发新的语言和事件。当代景观的研究对象已经超越了现代景观对功能、形式、材料、结构、色彩等物质对象的研究范畴，而正在转向对变化、视觉、娱乐和体验的关注，成为一种解决复杂环境及社会问题的综合策略和手段。基于这一观点和理论，本书结合艺术设计学、美学、社会学、建筑学、景观生态学、环境心理学等相关学科理论，对 20 世纪 60 年代以来的当代人工几何景观形态展开跨学科研究，探析当代景观与其内在的社会历史与文化之间的关联。

二、"景观设计"的概念

景观设计学作为一门学科，在西方被称为"景观建筑学"（Landscape Architecture），在我国被译为"风景园林学"，是一门高度复杂的综合性学科。1858 年，被誉为"美国景观建筑学之父"的弗雷德里克·劳·奥姆斯特德（Frederick Law Olmsted）和英国建筑师卡尔福特·沃克斯（Calvert Vaux）设计的纽约中央公园（Central Park）打破传统造园方式的藩篱，使普通民众成为公园的受众群体，象征着现代城市公园的发轫。他们首次提出"景观建筑"（Landscape Architects）的概念，以区别于传统的"园艺学"（Landscape Gardening），促进了美国景观建筑学会的诞生。随后，纽约布鲁克林的展望公园

---

① 李利. 自然的人化——风景园林中自然生态向人文生态演进理念解析[M]. 南京：东南大学出版社，2012：72.

② 王向荣. 景观笔记——自然·文化·设计[M]. 北京：生活·读书·新知三联书店，2019：72.

（Prospect Park，1866）、波士顿的富兰克林公园（Franklin Park，1866）、旧金山的金门公园（Golden Gate Park，1870）、芝加哥的城南公园（South Park，1871）等一系列大规模的城市公园建设，掀起了美国"城市公园运动"的热潮。"景观建筑"一词作为现代意义上的造园活动被广泛沿用。

美国景观建筑师协会（ASLA）于1899年成立。次年，哈佛大学首次开设了"景观建筑学"专业。马萨诸塞大学（1902）、康奈尔大学（1904）、伊利诺伊大学（1907）随之也相继效仿。景观建筑师学会（The Institute of Landscape Architects）和国际景观设计师联盟（International Federation of Landscape Architects，IFLA）分别于1930年和1948年在英国成立，"景观建筑学"逐渐作为通用的专业术语在世界范围内得到广泛传播。时至今日，英国、德国、日本、澳大利亚、中国等已建立了景观设计的专业协会，当代意义上的景观设计学早已不是传统意义上的造园活动，而是建立在自然科学和人文科学基础之上的涵盖人与自然多样化关系的综合性学科。景观设计的范畴包括城市规划、大型公园及广场规划、户外公共空间景观、居住区景观、私人住宅庭院、绿地系统规划等诸多方面。

不同国家意识形态下的"景观设计"概念有所差异。在大多数国家，景观设计学强调景观设计和规划，而在英国等少数国家则强调景观管理和景观科学。俄罗斯用这一术语指代绿化工程，使用的频率很低。较有代表性的国际知名学术机构或学者对"景观设计"概念的解读主要有以下几种：

美国景观建筑师协会（ASLA）认为，景观设计是一种包括自然及建成环境的分析、规划、设计、管理和维护的职业。属于景观设计职业范围的活动包括公共空间、商业及居住用地规划、景观改造，城镇设计和历史保护等。[1]

在美国哈佛大学诺曼·纽顿（Norman T. Newton）教授看来，景观设计"对土地及土地上的空间和物体进行安排，以便于人们安全、有效、健康、愉快地对之加以利用"[2]。他有的放矢地强调了景观设计以设计为手段，构建人与土地的和谐关系的根本目的。

美国伊利诺伊大学艾伦·戴明（M. Elen Deming）教授总结概括了景观设计的本质特征，即："一个抽象的知识体系，一个不断进化的学、知、行半自主系统，在系统的一致意见指导下产生、认证和消亡。经过反复调查和研究，这些知识体系不断进行

---

① P Goode. The Oxford Companion to Gardens[M]. Oxford：Oxford University Press，1986：332.

② Norman T. Newton. Design on the Land：The Development of Landscape Architecture [M]. Cambridge：The Belknap Press of Harvard University，1971：Foreword.

自我更新。"①他依据北美开展的景观设计知识体系(LABOK)项目和欧盟资助、欧洲景观设计教育联盟(European Council of Landscape Architecture Schools,ECLAS)发起的勒·诺特项目(LE:NOTRE Project),将景观设计的理论范畴定义为:①景观设计历史与评论;②自然与文化系统;③设计规划理论与方法;④公共政策与规章;⑤设计、规划和管理;⑥场地设计和工程;⑦施工合同备案;⑧沟通;⑨实践价值与论理。

图1-3 德国路易维二世宫殿

德国景观建筑师联盟(Bund Deutscher Landschaftsarchitekten,BDLA)对"景观"下的定义为:"景观设计表达时代之精神,是一种包含对景观的保护及解读两方面内容的文化语言。景观建筑师结合生态意识和专业规划能力,他们评估及论证规划的可行性并实现项目,他们对自然保护区,对环境与人类社会和建成环境的相互影响都承担着创造性的责任。"②可见,景观被视为一种包含生态意识的文化语言,景观设计师作为景观语言的创造者和传播者,承担着重要的社会责任。

近年来,我国景观设计行业发展方兴未艾,"landscape architects"被翻译为景观建筑学、景观设计学、风景园林学、景观学,这些词常被视为同义词通用。如今,众多景观教育家和理论工作者对这种含义模糊的称谓表现出强烈不满,迫切需要对景观设计学的明确定义达成共识。

北京大学俞孔坚教授认为,"景观设计学是一门关于如何安排土地及土地上的物体和空间以为人创造安全、高效、健康和舒适的环境的科学和艺术"③。这个去繁从简的定义强调了建立在科学和艺术基础上的健康和谐的人地关系,但从宏观上几乎涵盖了人类在大地之上的一切活动内容。它"反映了人与自然的相互作用与联系,记录了人们的

---

① [美]M. Elen Deming,[新]Simon Swaffield. 景观设计学——调查·策略·设计[M]. 陈晓宇,译. 北京:电子工业出版社,2013:13.

② [美]罗伯特·霍尔登,杰米·利沃塞吉. 景观设计学[M]. 朱利敏,译. 北京:中国青年出版社,2015:16.

③ 俞孔坚,李迪华. 景观设计:专业、学科与教育[M]. 北京:中国建筑工业出版社,2003:10.

第三节 "景观"的概念阐释

喜怒哀乐，知识、技术、连同可信的人地关系，使人们渡过了一个又一个难关，培育了人们的文化归属感和与土地的精神联系，使人们得以生存而且具有意义"①。对于建筑设计、公共艺术、环境科学等与景观设计既相关联又相区别的学科而言，这一表述同样适用。譬如，广义的景观概念包括建筑、人造物、自然物和人。然而，作为不同审美对象的景观和建筑时常被区分开，由于建筑自身的自治性使建筑设计领域的研究相对独立，而景观常被视为建筑的背景或附属品用来美化或装点环境。从这个维度看，该定义在一定程度上超出了景观设计师的职业范畴。

同济大学刘滨谊教授将"景观"定义为："景观学由景观规划设计学扩展而来，涉及建筑、城市规划、风景园林、环境、生态、林学、艺术等多学科领域，是一门建立在广泛的自然科学和人文艺术学科基础上的应用性学科，核心是协调人与自然的关系。围绕有关土地的自然与文化资源保护及其一切人类户外环境空间的建设，进行科学理性与艺术感性的分析综合，寻求规划设计建设所面临的问题的解决方案和解决途径，监理规划设计的实施，并对大地景观进行维护和管理。景观学总目标是通过景观策划、规划、设计、养护、管理，保护与利用自然与人文景观资源、创造优美宜人的户外为主的人类聚居环境。"②这一定义试图面面俱到地阐释景观同社会学、环境学、工程学、生态学、管理学、艺术学等多学科之间的联系以及景观的多重目标和使命，力求创造性地给予景观设计以最接近景观的本质，但这个包罗万象的概念似乎令人无所适从。

中国艺术研究院董雅教授认为，景观设计学（风景园林学）"是一门多学科交叉的专业，它涉及政治、经济、文化以及规划、环境、气候、土壤、生态技术等多方面的具体内容，最终又以艺术手段落实到具体的空间与形态之中"③。这一定义强调了以空间形态为载体的艺术创作手法，却弱化了景观生态学等自然科学对于景观设计的根本作用。北京园博园中十分耀眼的北京园以宫廷画为蓝本，将园林景观的

图1-4 北京园博园内的北京园

① 俞孔坚. 生存的艺术[M]. 北京：中国建筑工业出版社，2006：48.

② 刘滨谊. 景观教育的发展与创新[M]. 北京：中国建筑工业出版社，2006：29.

③ 董雅教授在《作为美术的园林艺术——从古代到现代》（IF. R. Cowell 著）译者序中对"风景园林学"所下的定义。

艺术性发挥到了极致。无论整体气势、建筑风格，还是匾额楹联、雕梁画栋，都充分彰显出皇家园林的气派。歇山、悬山、攒尖、硬山等形式的建筑屋顶，配以玄子彩画和苏式彩画两种皇家制式的建筑装饰，在花木与山石之间，无不渗透出设计师极高的艺术造诣。

纵观这些理论成果，不同的专业背景下的景观设计概念各有侧重，概括而言，其涵盖的内容主要包括以下几个方面：

（1）景观建筑学中的"景观"概念涉及人类栖息地，主要是与环境规划、功能设置、景观及构筑物设计等建筑规划内容相匹配的体系。在我国被译为"风景园林学"（landscape gardening），表现出与传统园林相关联的内容；

（2）景观生态学（landscape ecology）中的"景观"概念涉及人类的生存环境，主要是与生物多样性、环境保护、可持续性发展之类涉及生态学、生物学、微生物学、气候学、植物学等学科相关联的体系；

（3）景观哲学（landscape philosophy）中的"景观"概念涉及人类文化遗产，主要表现出与社会学、文化学及哲学相关联的内容，是西方景观符号学领域研究的主要对象；

（4）景观艺术学（landscape art）中的"景观"概念涉及美学内容，主要是从景观的原初意义上衍生而来的视觉审美意义上的景观规划和设计体系。

"景观设计学"学科涵盖的内容十分宽泛，很难一言以蔽之，对其理解也是仁者见仁、智者见智。因此，对景观的解读必须以动态发展的观念，依据实践项目的设计对象、工作性质、学科属性和学科定位加以考量。

三、动态的景观设计观

景观是一门"四维"的艺术，由三维物理空间中的长、宽、高以及第四维的时间轴构成。"时间性"是景观区别于其他艺术门类的根本属性，任何景观的生成都必须考虑景观随时间发展的动态性因素。春华秋实，景随时迁，不同时节的季相景观不但焕发了特殊的美感，而且隐射出时光更迭、生命流逝的无穷意蕴。阿尔伯特·爱因斯坦（Albert Einstein）提出的相对论（Relativity）指出，人类生活在三维空间和四维时间所构成的四维时空中。时间赋予空间以变化性、动态性和不可预测性，脱离时间概念的空间毫无意义。环境体验英国哲学家阿弗烈·诺夫·怀海德（Alfred North Whitehead）从关系论视角提出"自然就是一个过程"的本体论思想。自然界是一个动态的"场域"（field），当代法国社会学家布迪厄-皮埃尔·布迪厄（Pierre Bourdieu）将其解读为在各种位置之间存在的

图 1-5 芬兰赫尔辛基的岩石教堂

支配、屈从、对应等客观关系的一个综合的网络或构型。自然景观形态和人工景观形态构成了"场域"。自然景观形态是遵循自然规律而形成的不规则、非线性、错综复杂、相互关联的物质形态，而人工景观形态则是经过人工改造，赋予了相对规则和秩序，以及人的意志的物质形态，二者存在着相互组合、拼接、嵌套或交织的复杂关系。芬兰赫尔辛基的岩石教堂位于市中心，坦佩利岩石广场是自然景观形态和人工景观形态完美融合的典范。从外部来看，一块高 8~13 米的巨大岩石如着陆的飞碟一般覆盖着整个场地。炸碎的岩石堆砌成教堂的顶部，看似随意，实则精雕细琢。从内部来看，被掏空的岩石保留了原始的自然肌理，阳光透过人造玻璃屋顶照射到教堂内部，与室内光环境形成反差，营造出圣坛崇高而神圣的氛围。每当礼拜之时，竖琴声在教堂内部奏起，由于岩壁的回音作用而形成悦耳动听的声音，给人以情感的共鸣和心灵的洗涤。时间、空间和事件之间交互构成的"场域"，使整个教堂充满了神秘感、流变性和不确定性。

斯坦·艾伦（Stan Allen）认为，"场域"可以将空间中不同的元素整合为一个结构松散却相互关联的统一体，局部单元结构具有与复杂性相对的自主性，局部之间的相互作用形成的整体形态却难以预料。因此，事物之间的关系相较于本身的形式而言，对场域形态的影响更大。他同亚历克斯·沃尔（Alex Wall）一道，将"场域"定义为一种由松散的空间基质聚集而成的流动性网络，其中的各个部分存在着相互联结、互相牵制的决定性和复杂性关系。景观不仅包含这种复杂的关联网络，而且还包含各组织要素之间关系演变的过程及其中发生的事件。① 在此，艾伦和沃尔阐明了景观要素之间

---

① Allen S，From Object to Field[J]．Architectural Design，1997，67(5/6)：24.

的关联性及其与"时间"和"事件"的重要性。从关系论的视角来看,"景观"就是一种动态的场域,其中的各个要素之间存在着复杂的互动。就这一观点而言,学术界已达成了普遍的共识。

当代景观美学否定现代美学中所隐含的时间相对主义和永恒性真理,具有一种瞬间的、流逝的、暂时的、不稳定的特征,显现出一种即时性审美和"游牧文化"的状态,许多学者也通过大量的理论和实践诠释了这种动态的美学观。如美国风景园林师詹姆斯·科纳(James Corner)教授长期致力于以景观都市主义理念推动城市化进程,通过纽约高线公园、伦敦伊丽莎白女王奥林匹克公园等城市设计实践项目,表明景观设计是一种动态的、弹性的过程,并用"时空生态学"的概念阐明了万物之间相互依存和互动的关系,以及城市流动和过程驱动。在自然主义哲学家、美学家乔治·桑塔亚那(George Santayana)看来,由于景观的边界是不确定和无框架的,因此景观的形式充满不确定的。他在《美感》(*The Sense of Beauty*)中指出自然景观的不确定性:"我们称作景观的东西,是次序地被给予的碎片和瞥见构成的无限。"①其动态的时空观在书中一览无余。他还将审美经验划分为感性的、形式的和象征的三个层次,表达了以形态为媒介追溯对象意义的审美过程。美国城市规划教授凯文·林奇(Kevin Lynch)在《城市意象》(*The Image of the City*)中指出,景观是一门动感的艺术,其中的人类活动永无止境地在不同的时空中变化和转换。② 丹麦大师马勒尼·郝克斯那(Malene Hauxner)认为"景观"是一个持续变化的形态,是清晰和模糊之间关系的典范。"没有绝对的事实或固定的表现方式,并非'非此即彼',而是'既有……也有……'一连串可能的表现方式和组合形成了一幅幅风光迥异的画面。"③

景观作为不同数量和质量特征的要素在特定空间上的镶嵌体,是一个由多种相关要素复合叠加而成的自然景观和人文景观的综合艺术。随着时间的推移,景观形态在不同社会历史背景中不断演进,并呈现出显著的"场域"特征。因此,景观设计思维和设计方法必须与时俱进,在不断地质疑、挑战和创新中实现人与自然共生的动态可持续发展。

---

① G Santayana, George, W G Holzberger, H J J Saatkamp. The Sense of Beauty: Being the Outlines of Aesthetic Theory[M]. Boston: MIT Press, 1988: 99.
② [美]凯文·林奇. 城市意象[M]. 方益萍, 何晓军, 译. 北京: 华夏出版社, 2001.
③ C3 Landscape. 国际新锐景观事务作品集. SLA[M]. 杨霞, 赵薇, 张媛媛, 等, 译. 大连: 大连理工出版社, 2008: 14.

第四节　景观形态的语言逻辑

一、"形态"的含义

"形态"一词包含"形"和"态"两个方面的含义。"形"是指形象、外貌，"态"是指神态、情态。《中华词典》中将"形"定义为：①名词，外表、样子，形体；②动词，线路，表现，对照，比较；将"态"定义为：表现出来的情况或样子。《辞海》将"形"定义为：①形象，形体；②形状，外貌；③形势，地势；④显露，表现；将"态"定义为：①姿容，体态；②情态，风致。"形态"即为"形状和神态"①，是一个动态的概念。它具体体现为组成事物的各元素自身的状态及它们之间的关系。在视觉意义层面上，"形"是指形状，是由事物的边界线即轮廓所围合成的外部形象，包括形状、大小、色彩、肌理、方向、位置等重要因素。不仅会引起人们的知觉反应和感官刺激，而且与人的审美心理密切相关。"态"是指事物内部的发展趋向，由物体在空间中的状态和所处的地位决定。"形态"体现出事物在一定条件下的表现形式，不仅包含物体的具体形象，更体现出物体的内涵和神韵。

依据不同的学科背景，"形态"可分为不同的种类。景观设计学学科普遍依据形态的来源，将其划分为自然景观形态和人工景观形态。自然景观形态是指天然的、自生的形态，如地形、地貌、山川、湖泊、植物、动物等，体现了自然物质本身的生命属性和生存环境的影响；人工景观形态指的是经过人类有意识地改造过的具象或抽象形态，体现了人类的主观意识和创造性。本书研究的"景观形态"定位于中观层面上的人工几何景观形态，属于视觉艺术的范畴。它是结构、功能、历史、文化、审美、意义等因素的载体，对事物外在表现状态的认知和人的审美心理反应是研究的重要方面。景观的形态语言是景观能指(表象)传递景观信息的重要媒介，是审美主体(人)和审美客体(景观)之间沟通的桥梁，也是认识景观所指(内涵)的根本途径。

---

① 辞海编辑委员会. 辞海[M]. 上海：上海辞书出版社，1999：2003.

二、景观作为文本

景观与语言文本的性质在很大程度上类同。在接受理论中，作者创作的原初成果在未经读者阅读时，称为"文本"。只有经过读者阅读后，读者根据自身的理解填充文本的意义结构并使之具体化，"文本"才可称为作品。一般意义上的作品，实质上就是指"文本"。文本结构是符号与符号之间的组织关系，如关系变化，文本整体也会发生改变。为了防止对文本的误读，作者需要强化语境或增加冗余信息以加强对文本的控制。如果文本和作者相脱离，文本的意义便获得了解放，读者对文本的接受过程也是对其进行再创造的过程。

景观可以被视为与特定区域的自然环境、人文背景、历史传统以及现实生活紧密结合而形成的一套文本知识体系，即景观文本。景观的形态语言是组成文本的要素，包括构成语言的词汇、句法、语法规则和语言结构。景观文本具有动态性、自足性和多义性。作为社会的意识形态载体，景观文本的生成折射出不同地域人类的生活方式、思维模式、文化心理和行为习惯。由于景观自身的"四维"属性和"自组织"特性，景观文本是应时而生的，并随着社会的发展处于不断地永续变化发展之中。

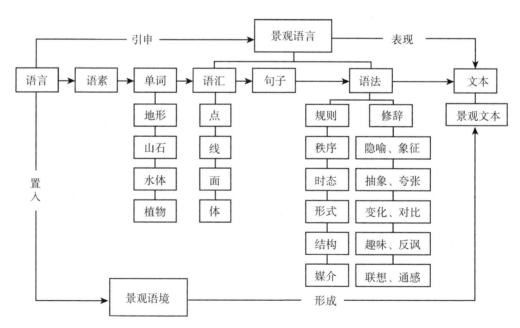

图 1-6 景观语言的框架体系

　　人在阅读景观文本的过程中，不断地体验其内在的文化精神和意蕴，感受民族文化心理和时代精神气质，达到心物交融、人景合一的境界。在体验的过程中，基于审美主体的人，凭借不同的审美意识、生活经验、知识背景和评价标准对景观文本进行主观阐释，因此，不同的人对景观文本的品读千差万别。同时，人自身也成为景观的一部分。由于人的阅读和参与，景观文本被不断地赋予新的意义，其文化和美学价值才得以实现。本书正是运用语言学的方法，探求解构主义语境、景观文本和人三者之间的关系。值得注意的是，由于景观是物质化的对象，景观语言是物质性的实体，其构成、编码、概念和组合方式必须考虑功能和审美的需求，因此，景观文本和语言文本存在差异性。本研究主要着眼于二者相契合之处，并尽可能地降低模糊和偏差。

三、景观语言作为一种符号

　　符号（sign）是指示事物的标记，符号现象的本质是揭示事物内在的、不可见的实质。符号学（semiotics）是研究符号的指示特征及其表意机制的哲学，涉及诸多人文社会科学领域的方法论。现代符号学的渊源始于瑞士语言学家费尔迪南·德·索绪尔（Ferdinard de Saussure）和美国逻辑学家查理·皮尔斯（Charles Sanders Peirce）的符号论。索绪尔将语言符号分为"能指"（signifier）和"所指"（signified）双重性。"能指"指代符号，是语言的表层结构，具有多向度性；"所指"指代符号的意义，是语言的深层结构，与"能指"之间存在着约定俗成的表意关系。现代符号学理论认为语言是第一性的，是一个抽象的具有社会属性的概念。言语是第二性的，是人对某个事物或事件的语音表述。研究语言符号结构体系的内部语言学和研究语言与社会文化关联性的外部语言学构成了语言的结构系统，具有"共时性"和"历时性"双重属性。共时语言学是从横向上研究语言要素的同时构成关系，而历时语言学则是从纵向上研究语言要素的依次构成关系。

　　人类所有的文化现象都可以被视为语言符号系统。换言之，一切艺术都是语言，景观艺术也不例外。斯派恩教授认为，景观设计通过语言符号系统来言说故事。景观与语言一样同属符号系统，其形式构成规则与语言结构具有很大的相似性。设计的过程即是有意识地创造符号并构建景观语言符号体系的过程，人类的生存意义和文化精神因此得以表达。詹克斯认为："如果建筑师想使他的作品能够达到预期的成果，并不至于因译码变化而被糟蹋，他就必须用许多流行的符号和隐喻所具有的冗余度，使其建筑物有过多的代码性。"①景观的造型、色彩、肌理、运动等物态表象诉诸人们的感官，通过对符号的认知、体验和解码形成一个新的景观语言符号系统。其中的各部分之间存在着一定的逻辑关系，并转换生成某种意义。通过对景观语言符号系统及其内部组合方式的研究，有助于掌握语言结构形成的过程及其中所蕴含的意义。

本 章 小 结

解构主义哲学思想以批判性的姿态揭示了客观世界的复杂多元性，昭示了一种全新的世界观和人生观。在解构主义语境下探讨当代景观的形态语言，并非将西方舶来的"解构主义"设计思想简单移植，而是植根于当代特定的社会、哲学和设计语境，以解构主义作为一种创作方法和设计美学，发掘景观形态表征背后人类生存的深层意义。在全球化浪潮中，新技术和新文化在解构当代景观的同时，也在创造着新的景观。在解构与建构相互转化和演变的过程中不断形成新的景观范式，使景观概念的内涵和外延得以拓展。作为当代社会文化现象的表征，当代景观所呈现出的复杂性、差异性、流变性、游戏化和戏谑性的混沌状态，正是当代景观审美范式变异和多元文化精神的真实写照。当代景观设计不再以物质形态设计为最终目的，而是探索各种复杂因素相互作用和共生的动态可能性，发掘设计价值观层面的深层内涵。

---

① ［英］查尔斯·詹克斯. 后现代建筑语言［M］. 李大夏，摘译. 北京：中国建筑工业出版社，1986：32.

第二章

解构主义设计思潮产生的时代语境

    自 20 世纪 60 年代西方步入后工业社会和信息社会以来，知识分子面对知识信息激增、社会制度更迭、公民社会衰微、消费欲望蔓延、大众文化流行等现象中涌现的诸多悖论，极力建构以话语和文本为客体的批评理论，以对社会矛盾加以合理解释，由此萌生的解构主义哲学思潮具有强烈的批判性和意识形态色彩。全球化时代的到来，使世界经济秩序、政治格局和文化思潮日趋多元化，当代美学的研究对象逐渐由审美客体向审美主体转化，其形态和方法更加丰富。与此同时，数字技术的飞速发展颠覆了传统的设计观念及方法，为创造新的形式语言拓展了广阔的空间。"解构主义"设计思潮正是当代社会形态变迁、西方解构主义哲学思潮及设计形态变异的合力下产生的必然结果。

第一节　全球化时代社会形态的变迁

    "全球化"（globalization）的概念最早出现在经济领域，自 T. 莱维 1985 年使用这一概念形容国际经济的变化以来，国际货币基金组织（IMF）、国际经济合作与发展组织（OECD）等国际组织对其定义不一，且众说纷纭。它是"一种自然历史进程"，[1]　一种"在市场经

---

[1]　童庆炳，畅广元，梁道礼. 全球化语境与民族文化、文学[M]. 北京：中国社会科学出版社，2002：17.

济的基础上，在科技进步的推动下，不同国家和地区之间相互渗透、相互依存的程度不断加强，最终使人类活动突破了区域的限制，世界成为了一个统一的发展整体"①。随着时代的进步，"全球化"的内涵不断扩展，逐渐形成世界性的政治、经济、社会、文化等领域的多方趋同。20 世纪 90 年代后，全球性的经济合作呈现出突飞猛进、多层次互动的有序态势，信息技术革命进一步加快了经济全球化进程，人类已经步入了崭新的全球化时代。詹克斯点明，"新的世界秩序不是一个超级大国的主导，而实际上是一种'复合结构'，即多个强大中心的复杂相互作用，这些中心没有一个拥有绝对权力"②。

一、全球化与地域化

信息和通信技术在当代的飞速发展，建构了全球化的动态开放网络。全球资本迅速扩张、产业结构调整重组了国际分工体系，知识、技术、信息、资本等生产要素的跨越国界配置更加优化，流动更加自由，人类的生产和生活方式也发生了翻天覆地的变化，正以不可逆转的趋势渗透到生产、消费、技术、投资、贸易等各个方面，并将对人类的社会、经济、科技和文化等各个层面的一体化产生持久的影响。

全球化对于各国而言既是机遇也是挑战。一方面，世界格局的多极化为各国平等创造了条件。"一体化和区域经济合作的广泛展开，使世界经济的多极化已先于政治上的多极化而日趋显著，经济实力的对比和力量组合已不再完全像过去那样以发达和不发达为唯一标准，以地域界限为标准的区域经济正在弱化传统的发达国家剥削发展中国家的现象。"③资源在全球的高度共享，丰富了物质生活，促进了科技发展，提高了人民生活水平，促进了社会的进步。但另一方面，以西方发达国家的意志为转移的国际关系新秩序初现端倪，西方发达国家凭借强大的经济和科技实力，控制着国际货币基金组织（International Monetary Fund，IMF）、世界贸易组织（World Trade Organization，WTO）、世界银行（World Bank，WB）等国际经济组织，按照自己的意志制定规则、制度和标准，掌握了世界话语的主导权，致使世界范围内资源和市场不平衡。西方发达国家不遗余力

① 童庆炳，畅广元，梁道礼.全球化语境与民族文化、文学[M].北京：中国社会科学出版社，2002：17.
② [美]查尔斯·詹克斯.现代主义的临界点：后现代主义向何处去？[M].丁宁，等，译.北京：北京大学出版社，2011：9.
③ 刘杰.秩序重构——经济全球化时代的国际机制[M].北京：高等教育出版社，上海：上海社会科学院出版社，2012：34.

推行自身意识形态、价值观念、文化教育、政治制度和生活方式，致使文化同质化，使弱势文化群体的话语权被剥夺。"人类今天必须与一种世界性生活方式相协调一致。"①事实上，全球化应是在多极平等对话与协作中创造丰富多彩的全球性文化。随着迪士尼、可口可乐、百事可乐、麦当劳、肯德基、百老汇等西方文化标签在世界范围内的迅速蔓延，新的社会秩序被全球化不断解构和重构着，其最终结果可能导致严重的地域分化。但随着全球化程度的深入，地域化的重要性就更加凸显出来。许多国家已经意识到只有秉持自身的民族文化自觉并付诸实践，才能在多元化的外部环境中保持强大的生命力。

在当前政治上求同存异、经济上互相依赖、文化上不断融合的全球化语境下，中国必须以开放的观念坚守民族文化传统的根基，保持文化身份和地位，增强融合异质文化和抵御外来不利影响的能力。为了改善和缓解中国城市化进程中严峻的同质化问题，我们必须植根于中国的社会文化土壤，批判性地扬弃西方的些许先进理念，在多元中求同存异，方能彰显自身民族文化。中国的现代化与西方发达国家的现代化间存在很大的历史错位。当西方工业文明已高度发达并向后工业文明过渡之时，中国才开始迈向工业文明。本应沿着农业文明、工业文明和后工业文明历时性更替的中国景观形态，却在全球化开放的世界体系中直接演变为共时性的存在形态。在中国传统农业文明的"天人合一"思想仍然根深蒂固地发挥作用时，西方现代工业文明中的人本精神及技术理性，以及后工业文明的消解主体、解构自我的文化精神对中国社会形成了巨大的冲击。中国景观在追随西方设计理念的过程中亦步亦趋，对西方建筑形式的简单模仿和移植现象已习以为常，"千城一面"使诸多景观丧失其文化价值。我国部分建筑和景观设计师标榜与国际接轨，从根本而言是对外国的设计作品进行简单拙劣的抄袭或模仿。

西方景观形态的呈现是当时的西方独特意识形态语境的展现，是特定历史时期社会文化精神的真实写照。景观形态的生成依托于特定的自然及人文条件，而且表现出异于其他地域的人类生存状况和行为方式的独特语境。形态的嬗变则体现了西方景观发展的历史继承性和逻辑规律性，也折射出不同时期西方景观思维观念和审美诉求的变化。因此，学习西方先进的创作思想和设计方法，深挖西方景观形态背后的具体思想内涵、文化意蕴和美学精神，可为振兴中华优秀传统文化提供有价值的指导，使中国传统文化精神的传承深入景观形态的内核。博采众长、创新发展、百花齐放是中国未来景观良性发展的必由之路。

① ［德］汉斯-彼得·马丁、哈拉尔特·舒曼.全球化陷阱——对民主和福利的进攻［M］.张世鹏，译.北京：中央编译出版社，2001：18.

诚如戴维·麦克莱伦（David Mclellan）所言："社会主义只有站在资本主义的肩膀上，才能真正超越资本主义。"①当前，我们所提倡的"可持续发展"理念，蕴含着环境和文化的双重可持续。我们须用开放理性的态度、前瞻性的视角预见利弊，建构全球化时代民族自身语境中的文化自觉。在全球性高科技文明统领世界的时代，面对时代的冲突与抉择，中国的景观设计迫切需要以开放性的姿态与创作语境吸收世界优秀的民族文化成果，将植根于中华传统文化中辩证统一的思维观念、行之有效的创作手法和山水相映的美学特征，融入诗情画意的中国景观精神家园。

二、消费社会和大众文化

人类改造自然的设计活动受到不同的历史时期社会文化状况、科技发展水平和人类生存状况的制约。景观是多元化的形式，是不同国家文化精神和意识形态的表征。法国当代思想家让·鲍德里亚（Jean Baudrillard）认为，在生产力高度发达的经济体系中会产生一种新的特定社会化模式——消费社会，并声称消费控制着人类的生活。当代社会结构及文化意识催生了大众文化现象，也孕育了与之相适应的景观设计思想、文化和形态。

"二战"作为人类历史的重要转折点，对世界格局产生了颠覆性的影响。战争给人们带来的创伤使西方民主运动风起云涌。历经三十年黄金发展后，西方各国政治、经济、文化和社会结构都发生了前所未有的变化。随着经济增长速度变缓，一系列社会问题日益显著：环境污染、能源短缺、政治腐败、工人失业、民不聊生、种族歧视……使激进的社会反抗活动跌宕起伏。同时，市场竞争在利益的驱动下更加激烈，市场营销由以生产者为中心开始转向消费者。20世纪60年代后，随着社会危机的深入，工人和学生的反社会游行和暴力活动接踵而至，进一步加剧了社会矛盾，人们陷入一片迷茫、空虚、焦虑和恐惧，甚至出现了严重的精神危机。1968年，法国爆发"五月风暴"，工人罢工、学生集会，拉开了规模宏大的反资本主义群众运动的序幕。这场革命使法国思想家对当代的资本主义制度和马克思主义进行深刻反思，并演变为一场社会和知识的思辨革命。激烈的社会运动触及着建筑师敏感的神经，使他们开启了图像、概念及政治性质的探索。此后，德、英、美等欧洲国家的汽车、钢铁、煤炭工人相继发起了大规模的罢

① 童庆炳，畅广元，梁道礼. 全球化语境与民族文化、文学 [M]. 北京：中国社会科学出版社，2002：26.

工和抗议活动，西方民众的主体尊严受到长期压制，生存状态消极颓废。许多人以离经叛道的态度宣泄对西方民主社会中文化精神、科学理性及道德准则等正统文化和社会制度的愤怒和不满。留长发、奇装异服、吸毒、贩毒、离婚、同性恋等传统价值观念中丑恶的现象成为社会常态，摇滚乐、牛仔裤成为年轻一代热烈追捧的时尚标杆，借以表达自身对传统社会文化和价值伦理的反感和抗争。这一时期，整个西方社会正在经历一场前所未有的意识形态革命。

西方发达的资本主义国家在 20 世纪 60 年代以后相继进入后工业时代。社会的基本结构由生产型转向消费型，高度物质化的社会阶层中弥漫着浓厚的消费主义和享乐主义色彩。西方人的生活和生存状态都体现着消费与享乐的生活观与价值观。鲍德里亚深感对于当代资本主义社会的根本变化，已难以用马克思主义对政治经济的分析来进行解释，传统的社会意识形态已被信息技术和电子媒介所彻底推翻。"消费是用某种编码及某种与此编码相适应的竞争性合作的、无意识的纪律来驯化他们；这不是通达取消便利，而相反，是让他们进入游戏规则。这样，消费才能只身取代一切意识形态，并同时只身担负起使整个社会一体化的重任，就像原始社会的等级或宗教礼仪所做到的那样。"①他将消费现象及消费品视为一个具备完整意义的符号中介系统，用"日常生活的新领域""新技术秩序"等新词来描述消费社会的政治经济学。消费不仅是一种话语权力系统，更是一种主导意识形态。它不仅使人们获得物质消费品，还能感受到权利话语所传递的概念及意义。大众文化在消费社会中兴起，以物质消费、商品交换、大众传播、流行标签、资本运营为导向，与精英文化在对立与统一中相互转化、共同发展，体现出鲜明的商业化、多元化、世俗化和后现代特征。

在信息科技进步和社会生产效率提高的背景下，消费文化以大众消费品为载体，以社会大众为对象，开始在当代社会中迅速蔓延，超前消费和过度消费现象屡见不鲜。在鲍德里亚的观念中，消费者与消费品之间的关系已由原来的使用功能转变为被"强暴"的关系。消费行为控制着消费社会中关系的"暗示意义链"，消费结构中某种内在的秩序与其商品(亦即消费品)之间是依照相互关联和指涉的。快速廉价的、一次性的大众消费是实现资本快速流动和增值、促进经济的发展的重要手段。营销者为了获得更大的收益，尝试从心理学的角度窥探消费者的心理机制，如消费动机、消费习惯、心理诉求、行为规律等，都是他们研究的范畴。在社会文化环境对大众消费行为的刺激下，传

---

① [法]让·鲍德里亚. 消费社会[M]. 刘成富，等，译. 南京：南京大学出版社，2000：90.

统纸媒、电视购物、广告宣传、网络推送、直播带货等多种大众传媒构建了一个功能齐备的推销网络，其中，商品间的被消费关系形成了一个相互连接的关系链。消费品承载着符号话语和社会意义，能够满足消费者的欲望和精神需要，因此成为他们实现个人价值的必需品。在消费过程中，人们所显示出的地位、财富、权力、爱好和品位成为彰显个人身份和地位的象征意义的手段。在消费逻辑的驱使下，消费意识形态的滥觞使消费社会的异化在资本符号的内在逻辑中显现出来，物质产品、社会文化、人际关系、欲望冲动等多种内在精神都被商品的内在逻辑所支配和决定，资产阶级通过消费统治整个社会，意义从而被消解了。

消费社会诞生于全球化语境中，资本主义社会的消费观念和大众文化迅速波及世界各地。在西方无序的社会体制、多样的社会关系、多变的生活方式和多元的消费结构影响下，中国当代社会的文化症候也逐渐显现出相似性特征。自20世纪80年代改革开放以来，中国的消费群体日益壮大。随着国民生产总值和人均GDP的提高，中国国民的消费需求激增，消费能力也显著提高。境内外旅游、奢侈品代购、网上购物热度持续飙升，淘宝(天猫)、京东、当当、唯品会、亚马逊等网络购物平台如雨后春笋般涌现，贺岁片、肥皂剧、新专辑、娱乐明星、综艺节目层出不穷，抖音、快手、微视、美拍等短视频平台受到追捧。然而，消费井喷造成的弊端是文化垃圾车载斗量，虚拟的网络世界中充斥的海量碎片信息销蚀了人们感知和认识真实世界的能力。淘宝(天猫)自2009年推出"双十一"购物狂欢节以来，网络消费成交额与日俱增。利用微信平台，人们不仅乐于聊天、"晒"美食、"晒"状态、"晒"旅游、抢红包、刷流量、玩游戏等社交活动，而且热衷于支付、理财、导航、医疗、生活缴费等服务，手机已成为人们形影不离的"好伙伴"。这些现象充分表明，消费已成为中国人日常生活中不可或缺的部分，其消费习惯和心理诉求已呈现出鲜明的消费主义倾向。尽管城乡消费水平发展不均衡，但中国已经步入消费社会已成为不争的事实。

与消费社会的发展相适应，大众艺术和消费空间成为流行和时尚。传统艺术的审美观建立在精英文化——某种"先验的"世界观和价值观的基础上。随着大众艺术开始兴起，大众社会及其观念的觉醒使艺术被大众逻辑消解了。它以商品化为前提、以技术为媒介、以娱乐性为中心，成为一种"去魅的艺术"。消费空间与大众艺术相呼应，成为城市中必不可少的景观单元。消费空间是容纳消费活动的场所，由物质消费品和消费活动两者构成。在消费空间中，文化和艺术亦转化为被消费的商品。迈克·费瑟斯通(Mike

Featherstone)认为，后现代城市被套进了一个"'无地空间'(No-placespace)，文化的传统意义的情境被消解了，它被模仿、复制、翻新和重塑。后现代城市中更多的是影像的城市"①。当代城市景观的设计思想和美学观念是消费社会和大众文化现象的产物，是与当代特定的社会历史情境相呼应的，城市景观形态已然成为一种消费的生活形态。

三、数字化生存与人居环境

在不同的历史时期，人类对自然的改造受到人类生存环境、社会文化背景和科技发展水平的制约。自 20 世纪 50 年代末第三次产业革命以来，电子信息业的飞速发展和数字技术逐步普及使人类的生活发生了翻天覆地的变化。大众传媒通过数字电视、电脑、手机等众多新媒体纷纷涌现并更迭，与报纸、广播、电视三大传统媒体在形态、功能、手段和组织结构等方面逐步融合，与人类生活密不可分。全球化促使媒体高度融合的多维传播趋势势不可当，大众传媒的迅猛发展昭示着人类社会已经步入"数字时代"，也称"信息时代"。

新世纪以来，全球化浪潮渗透到人类社会文化生活的方方面面。以信息传播技术(ICT)为核心的电子传媒大量兴起，由超媒体、电子信息技术、虚拟现实技术、人机交互界面、网络数字游戏等构成的"赛博空间"(Cyberspace)空前繁荣，极大地颠覆了人类的社会文化生活。图像、符号、商品和物质的泛滥创造出一个高于"真实"世界的虚幻图景。媚俗艺术、低俗小说、无厘头电影充斥着人们的日常生活，混沌、随机、游戏成为这个时代的标签。鲍德里亚(Jean Baudrillard)指出："都市的神秘无非是一种无穷的、虚假的流通网络。"②大众的视觉文化需求大为提高，电子传媒、虚拟现实和赛博空间以图像化视觉设计的形式体现了鲍德里亚式的"拟象与仿真"。在虚拟和现实世界相互交织的情境下，人与人、物及信息之间的距离被拉近了，人类的生活方式、行为习惯和心理诉求已迥然不同。他们被各种数据流和电子幻影所包围，随心所欲地在赛博空间中遨游，网络淘宝、滴滴打车、微信等依托互联网电子商务平台构建的交流模式使人们足不出户就可以交谈、购物、娱乐、接受资讯乃至享受美食，"宅男""宅女""电脑党""低头族"随处可见。从科学到技术、从社会到观念、从城市到景观，人类社会正在非线性

---

① ［英］费勒斯通．消费文化与后现代主义［M］．刘精明，译．南京：译林出版社，2002：45.
② ［美］吉姆·鲍威尔(Jim Powell)．图解后现代主义［M］．章辉，译．重庆：重庆大学出版社，2015：59.

的时空网络中不断发展。信息获取的快捷、生活需求的便利、情感交流的零距离正是虚拟世界社会生态景观的真实写照，使人类真正实现了"观古今于须臾，抚四海于一瞬"的理想。

赛博空间被荷兰哲学家穆尔（Jos de Mul）比喻为万花筒，文化总体关系中的重新构型被它的每一次转动所牵动，不仅重构了文化社会中的政治、艺术、宗教和科学领域，而且还设计重构了虚实交互的空间。物质生活的提高使人类居住环境得到改善，信息技术成为人类发展、交流、生存的重要基础。然而，在信息社会带来生活便利的同时，人际关系也慢慢疏离和隔阂。网络上聊天、"血拼"或"冲浪"成为首选，实地交流、购物或进行体育锻炼等方式则逐渐减少。尽管电脑辅助设计使图像的手工美感表现力不够生动，但工作效率得到了极大提高，所以还是备受人们青睐，传统的绘图方式逐渐被摒弃。我们意识到，"解构"作为信息社会的一种新型的知识状态出现，引起了全球范围内生存方式和游戏规则的改变。此外，数字化信息技术将人类及其相关的所有事物和事件联结到一个复杂的全球化网络中，不仅成为重构城市面貌的基础设施，而且构成了当代社会生活的内在基础。一方面数字技术广泛而深入地渗透到人类的现实生活；另一方面也存在着人性缺失、心理空虚和人际关系疏离的隐忧。世界越来越小，人与人之间的交流也越来越少。

美国麻省理工学院的尼古拉斯·尼葛洛庞帝（Nicholas Negroponte）在《数字化生存》（1995）一书中指出："计算不再只和计算机有关，他决定我们的生存。"①在他看来，作为"信息的DNA"的比特为人类的生活、工作、娱乐、教育等全方位变革带来了巨大影响，数字化生存已成为当下人类生存状态的一部分；威廉·米切尔（William Mitchell）在《比特之城》（1999）和《伊托邦：数字时代的城市生活》（2005）等专著中，从电子会场、电子公民、比特业等角度勾勒了数字化城市的实质空间、位置、建筑及城市生活方式，数字化城市建构从社会关系、文化内涵、经济发展等视角阐明意义；马克·波斯特（Mark Poster）在《第二媒介时代》（2000）中提及，互联网和数字技术的进步从深层结构上对人类的身份进行重新定位，人类已经步入了"第二媒介时代"；马歇尔·麦克卢汉（Herbert Marshall McLuhan）在《理解媒介：论人的延伸》（2011）中提出"媒介即信息"的观点影响深远，他认为电视、广播通信和计算机等媒介极大地影响着社会、艺术、科学、宗教的形成和发展；马格·乐芙乔依（Margot Lavejoy）和克里斯蒂安·保罗（Christian Paul）在《语境提供者：媒体艺术含义之条件》（2012）一书中探讨了媒体艺术在数字化环境

---

① ［美］尼葛洛·庞帝. 数字化生存［M］. 胡永，范海，译. 海南：海南出版社，1991：96.

中，其创造过程和建构意义的方式发生了根本转变。物质空间中的空间方位、行为活动、思维习惯乃至人类身体体征都可数据化，世界从本质上被颠覆，由信息构成，而不再由自然或社会现象构成。其不亚于达尔文的进化论和爱因斯坦的相对论对人类思维形态产生的影响，人类对自然的认知被信息技术彻底颠覆了，人类的世界观和价值观被信息技术重构。

人类被数字化生存方式置于虚实空间不断切换的双向生活状态中。虚拟空间中的生活模式使当代建筑和景观设计超越了传统的物质空间，人类不得不面临数字化生存所带来的挑战。数字化技术不仅渗透到设计观念、设计表达、设计方式和施工流程之中，而且更重要的是营造满足数字化时代人类精神需要的人居环境。在传统景观类型逐步消亡、新的景观类型不断涌现的过程中，景观空间也随着信息技术的发展逐步由单一的、确定的、静态的功能体系逐渐演变为多元的、动态的、智能的生态系统。为了创造理想的人居环境，以更合理地满足当代人的生活状态和心理需求，传统城市景观空间依靠边界构筑的物质空间环境正在不断被消解。为了适应现实与虚拟相生的当代生活，设计师不得不寻求新的空间模式，以迎接新的挑战。数字时代的设计自然而然地表现出多元文化相互渗透和融合的、丰富多彩的景象。

第二节 多元化时代解构主义哲学的影响

就西方哲学史看来，西方经典美学研究对象是艺术对象，如康德（Immanuel Kant）的"超功利美学观"①，黑格尔（G. W. F. Hegel）的"美是理念的感性显现"，谢林（F. W. J. van Schelling）的"在有限的形式中表现无限"，等等。然而，对真理的存疑与思辨态度始终存在且不断深化。如在反现代主义中正统文化这一方面，西格蒙德·弗洛伊德（Sigmund Freud）的心理分析哲学和无意识理论、亨利·柏格森（Hemi Bergson）的非理性主义哲学、埃德蒙德·胡塞尔（E. Edmund Husserl）的现象学、汉斯-格奥尔格·伽达默尔（Hans-Georg Gadamer）的解释学、马丁·海德格尔（Maltin Heidegger）对"存在"的认识、阿尔贝·加缪（Albeit Camus）和让-保罗·萨特（Jean-Paul Sartre）的存在主义哲学、

---

① 康德，18世纪德国唯心主义哲学创始人。他在《判断力批判》（*Critique of Aesthetic Judgement*，1790）一书中提出审美鉴赏是"超功利性"的，是超越一切利害关系之上的纯粹的精神活动。观察者的欲望、目标和理想及一切"利害关系"被抽离，对象"没有任何利害关系"。

克洛德·列维-斯特劳斯（Claude Lévi-Strauss）等人的结构主义、亚瑟·叔本华（Arthur Schopenhaur）对悲剧意识的强调和弗里德里希·威廉·尼采（Friderich Wilhebn Nietzsche）等哲学家的自我肯定意志等思想，对于解构主义哲学思想的产生起到了助攻作用。尼采对"逻各斯中心主义"（logocentrism）①最先展开彻底批判。从某种意义上，他开启了西方现代思维形态的大门。他认为柏拉图式的"理式"②思想阻碍了欧洲的思想进程，于是对西方的宗教和政治发难，宣称神灵、启蒙价值观和基督伦理已经死亡，西方形而上学的传统是"真实的幻觉"。其著名论断"上帝死了"，"重新估价一切价值"③，以及绝对意志论具有典型的虚无主义色彩，对神学和形而上学的强烈抨击给后结构主义中"太凯尔"集团的微观理论、语言批判理论、德里达的"欲求"（desire）和"控制"（control）概念及"去中心"等观点造成了巨大影响。以分析哲学为代表的西方反形而上学思潮，在19世纪末20世纪初通过语言分析的方法拒绝排斥庞大的哲学体系以及哲学的基本问题。其主要流派之一的逻辑实证主义，一切关于世界本原的形而上学命题逻辑分析的方法都被否定，被视作毫无意义的伪命题。"二战"后，海德格尔等人所创立的存在主义哲学流派继承了唯意志主、神秘主义和现象学的哲学思想，以反传统、虚无的、非理性、颓废的姿态呼唤符号社会的新型思维和关系模式，其基本思想是"存在"先于"本质"，强调以人和自我为中心的"本真"的存在。海德格尔意识到西方形而上学传统存在于西方逻辑和文法中，长期以来，这个意识以隐秘的方式禁锢了人们对语言的认知。他认为只有对西方文明展开彻底的批判，才能超越虚无主义，进而实现人类生存的本真意义。海德格尔以文学和艺术来拯救哲学的观点成为解构主义另一个重要的思想渊源。

　　尽管如此，法国哲学家德里达、福柯、德勒兹、巴特等人的结构主义及后结构主义

---

① "逻各斯"出自古希腊语，原意指说话、思想等，后引申为内在规律、本质、统一性、终极存在等，是西方人几千年来最基本的思想方式。西方人普遍认为，事物和世界的根基存在着一个本源或中心，因此不断地追求这个中心，构造出理式、本质、上帝、结构等概念来指代这一中心。"逻各斯中心主义"是逻各斯为基点的思想，是西方形而上学的别称，德里达称之为"在场的形而上学"。

② "理式"是西方客观唯心主义始祖柏拉图哲学中的核心概念，指超验的、永恒的、客观存在的精神实体。柏拉图认为万物皆有"理式"，它是第一性的，是世界的本源。物质世界是第二性的，是对"理式"的模仿。理式论深刻地揭示了世界万物生成进化的内在规律和精神范型，对后世产生了极大影响。

③ 尼采，19世纪德国唯意志论和生命哲学代表。他在其里程碑式的著作《查拉图什特拉如是说》（THUS SPAKE ZARATHUSTRA，1884）中宣称"上帝已死"，必须基于权力意志"重估一切价值"。从本质上而言，是要解除柏拉图主义（形而上学）的"神话"，肯定存在本身的价值，具有强烈的虚无主义色彩。

思想对于反现代主义运动产生了直截了当的重要影响，真正建构了解构主义思想体系。20 世纪 50 年代后期到 60 年代，结构主义和后结构主义在法国兴起，后结构主义是对结构主义的继承和批判，二者的发展并行不悖。

结构主义"试图描述各种人类行为背后潜藏的结构"①，最初始于索绪尔（Ferdinand de Saussure）的语言学。传统的"历时性"的语言学研究被颠覆，"共时性"观念被引入其中，引起了革命性的范式转换。索绪尔认为，语言是能指（signifant）和所指（signifie）的结合。能指是"物理的声音或者书面的词语"，所指是"在听者或者读者的脑中唤起的概念"，即"指称对象"（referent）②。语言包括语言（language）和言语（parole）两个方面。语言是制约言语表达的系统的内在结构（本质），言语是人们交流的具体形式（现象）。索绪尔运用的结构方法将语言视为"一把开启整个社会的隐藏逻辑、'无意识态度'的钥匙"③。克洛德·列维-斯特劳斯（Claude Lévi-Strauss）发展了索绪尔的语言学理论，在《语言学结构分析与人类学结构分析》等文中倡导结构人类学理论，并将结构主义语言学的成果扩展到其他许多重要学科中。他的观点是，结构是一个有机的统一体，原则和整体性是构成结构的解释模式。西方形而上学思想体系的当代形式是社会文化现象的深层结构和概念体系。结构形式的根源是人类的"无意识"潜能，人类心灵的无意识在文化现象上的直接显现被称为结构，因此结构是"先验的"，而不是客观固有的。而后，巴特等人的叙事学和符号学理论进一步发展了结构主义理论，取代现象学和存在主义哲学，进而成为西方现代哲学的主导思想。

作为一种科学的分析方法和批评理论，结构主义哲学认为一种结构具有一个中心。世界并非由事物本身，而是由结构中的各种"二元对立"关系构成的。语言和言语、历时性和共时性、能指和所指等概念都是成对出现的，意识形态总是在种种对立之间确立明确的界限，以构建某种深层结构的意识形态。结构主义者认为，索绪尔建立的语言的深层结构是揭示哲学文本、艺术作品等任何文本中的深层结构模式，是普遍的、通用的模式。克洛德·列维·斯特劳斯（Claude Lévi-Strauss）的结构主义神话学、吕西安·戈德曼（Lucien Goldman）的"发生学结构主义"美学、兹维坦·托多罗夫（Tzvetan Todorov）的叙事学美学、格雷马斯（Algirdas Julien Greimas）的结构语义学叙事、雅克·拉康（Jaques

---

① ［美］乔纳森·卡勒. 罗兰·巴特［M］. 陆赟，译. 北京：译林出版社，2014：68.
② ［美］罗伯特·威廉姆斯. 艺术理论：从荷马到鲍德里亚［M］. 徐春阳，汪瑞，王晓鑫，译. 北京：北京大学出版社，2009：237.
③ ［美］罗伯特·威廉姆斯. 艺术理论：从荷马到鲍德里亚［M］. 徐春阳，汪瑞，王晓鑫，译. 北京：北京大学出版社，2009：237.

Lacan)的结构主义精神分析美学、巴特的结构主义符号学及叙事理论、福柯的精神病理学以及刘易斯·阿尔都塞(Louis Althusser)等学者的理论在结构主义哲学、美学和文学领域产生了巨大影响，其共同特征在于认识一种建立在逻各斯中心主义基础之上的中心主义的、整体的、逻辑的、封闭的、有明确含义的内在结构系统，对永恒意义和恒定状态的追求使得这种结构系统具有某种稳定性和先验性，但却忽略了其中被压制的、悖逆的、修辞的、隐藏的、不确定的方面。

不同于结构主义的理性、逻辑性、明确性和积极性，后结构主义以反理性的、零碎的、模糊的和消极的态度彻底地消解西方自柏拉图以来的形而上学传统，力图推翻传统的社会、道德、伦理、婚姻等单元化的秩序，进而建立一个更为合理的新秩序。后结构主义的无中心、开放性、反权威、无标度性、异质性、偶然性、反二元对立等观念影响到政治学、文化学、社会学、人类学、历史学、心理学等诸多领域。德里达、福柯、拉康、太凯尔(Tel Quel)先锋派文化社团等后结构主义者及社会团体反抗思想专制和话语权力的霸权主义，否认任何内在的结构或中心，否认明确的意义，试图消解具有中心指涉结构的主体，将其着眼点放在语言符号之间的差异，而非符号本身。他们将知识均视为文本性的、由词语组成的语言和意义的碎片化内核，力图"穿过文本的背后"，揭示文本之间可能被忽视的矛盾现象。各种因素毫无规则地纵横交错，能指和所指并非一一对应。它通过纯粹的视觉形象创造新的结构，开拓新的世界，并非毫无目的、哗众取宠地破坏结构。在此过程中，本源、中心、二元对立被颠覆和消解了，建构了以差异性和不确定性为特征的解构主义思想体系。

解构从既定的观念、范畴、结构、系统出发，在拆解结构的同时，在"他者"的基础上建构新的结构。① 解构主义作为后结构主义思潮中最重要的部分，最初被视为一种文学立场、政治策略、思维方式或阅读模式，其本质上是对人的"存在"的本质追问，揭示了西方形而上学的逻各斯中心主义所隐含的危机，并以游戏的方式消解了整一性、理性、逻辑性、目的性和传统价值论，其影响迅速波及雕塑、绘画、小说、建筑、景观、诗歌等文学和艺术领域，形成了现代主义之后的新谱系学。

一、雅克·德里达与"解构"理论

德里达是法国解构主义思想流派的领袖。他继承了尼采和弗洛伊德的批判思想，对

---

① 肖锦龙. 德里达的解构理论思想性质论[M]. 北京：中国社会科学出版社，2004：14.

几千年以来西方至高无上的形而上学传统大加责难，他使结构主义的理论基础被彻底颠覆。解构主义思想的基调，是他在1966年约翰·霍普金斯大学发表"人文科学话语中的结构、符号与游戏"的演讲中奠定的。他认为："对一个中心、一个'根本基础'的执着追求使假定的结构处于静止、终极和固定真理的虚假状态。"①他提倡的"解构"是一种从文本内部消解结构，从而使文本的意义漂浮不定的文本阅读方法。"解构主义是后结构主义思潮中最重要的部分，从某种意义上说，它代表着整个后结构主义。"②

西方逻各斯中心主义的形而上学追求"本源"和"先在性"，借助海德格尔"存在"即为"在场"（presence）③的概念，德里达将"逻各斯中心主义"称为"在场的形而上学"，这一哲学信念意味着潜藏在万物背后的神或上帝主宰着世界上的人和物，它是真理性的、第一性的。基于某个无可撼动的"中心"造就一切西方思想，即为真理、本质、观念或某种"神秘"的东西。德里达对解构主义的批判主要围绕语言文字，借此抨击"逻各斯中心主义"。他认为深藏于事物和世界之中的"逻各斯"是一种子虚乌有的理论幻想，提出"无中心"或曰"中心不在事物本身"的思想。他所谓的"无中心"，并不否认事物或结构存在中心的客观事实，而是否认逻各斯中心主义中任何事物的中心都是不可动摇的观念。自柏拉图和亚里士多德以来，卢梭、笛卡儿和黑格尔都把言语作为思想的象征，占据了二元对立结构中的统治地位，这种等级制与形而上学是相对应的。逻各斯中心主义将逻各斯、神的精神、自我意识看作是第一性的，即"本源"是思想、语言和经验的基础。任何形而上学的对立概念中必定有主从关系，一方处于统治地位，而另一方则处于从属地位。德里达坚决地否定这一传统逻辑和思想霸权，指出语言系统中的符号关系并非恒常不变的，主从关系是可能被颠覆或相互转化的。一个"体制"（institution）在创建时的悖论"在于一种体制创立的时刻就某种意义而言也蕴含着暴力，因为它充满风险"④。创新就意味着冒险，所以既要遵循传统的规则，又要发明新的规则、规范、标准和法则。传统哲学的二元对立结构具有森严的等级，对立双方中一方为统治者，而另一方被统治，绝不可能和平共处。解构颠倒了对立双方的等级秩序和逻辑结构，使对立

---

① ［澳］约翰·多克尔（John Docker）. 后现代与大众文化［M］. 王敬慧，王瑶，译. 北京：北京大学出版社，2011：157.

② 朱立元，张德兴，等. 二十世纪美学（下）［M］. 北京：北京师范大学出版社，2013：270.

③ 海德格尔在《存在与时间》一书中表明，存在的意义在存在论时间性上的含义就是"在场"（presence），存在者在其存在中被把握为"在场"。也就是说，存在者是就"当前"而得到领会的。

④ ［法］雅克·德里达. 解构与思想的未来［M］. 夏可君，编校. 长春：吉林人民出版社，2006：42.

双方向着它的对立面转化。

　　无论是康德、黑格尔、卢梭，还是索绪尔、胡塞尔、海德格尔等思想家，都预设了这种纯粹的、先验的、真理性的"逻各斯"的存在，其实质是他们为了自身的理论架构而建立的一种假定。它所导致的二元对立结构使一方凌驾于另一方之上，这种原始等级存在着制度化、模式化、排他性等先天缺陷，使某些方面被漠视、压制、驱逐或边缘化。而事实上，被压制或忽略的一方同样有可能逆转而成中心性的，并推翻"中心"的权威，最终使文本瓦解。因此，德里达声称："在任何时候或任何意义层面上，都禁止一个简单的要素在自我中出现，或由自身所呈现。"①传统哲学的二元对立命题必须被打破，等级秩序一旦被颠覆，其结果将不可估量。他表示，结构中并不存在中心，具有多义性、差延、撒播、歧义性和含混性等特征。对语音书写系统的解构是对以书的历史模式为中心的整体性结构的怀疑。② 在他看来，索绪尔的语言符号学理论存在"语音中心主义"（phonocentrism）倾向，与形而上学的"逻各斯中心主义"思想同源，并"朝向一种意义秩序的哲学方向：思想、真理、理性、逻辑、'道'，被认为是自生自在，是基础"③。传统西方语言观核心的索绪尔理论，表明言语能够通过解释和补充直接传达作者的思想和意义，而语言和文字则由有形的符号组成，与作者的思想有一定的距离，因此具有不确定性。而在德里看来："是书写（指语言）而不是讲话揭示了语言作为能指使无穷游戏的真实本质。"④这种给予言语以优先权的观念明显存在缺陷，物质性的能指和精神性的所指构成的言语并非语言表达的理想模式，对语言的差异性质的解释将导致文本的"自我解构"。一方面，索绪尔将言语置于符号研究的中心地位，认为语言学分析的唯一目标是言语，而不是语言和文字；另一方面，他也指出语言符号的价值在于它与其他符号之间平行的、区分性的关系，并不具有内在或本体的价值。德里达认为，索绪尔的话语解构了自身，对言语和言语的关系解读是自相矛盾的，难以自圆其说。在德里达看来，语言和文本的作者用语言和逻辑表达某种思想或意愿，但是语言和逻辑的系统和法则不能完全被作者所控制，因此文本内部存在盲点。以德里达之见，语言即是"书

① Jacques Derrida. Positions[M]. London：Athlone Press, 1981：26.

② ［法］雅克·德里达. 书写与差异[M]. 张宁，译. 北京：生活·读书·新知三联书店，2001：7-8.

③ ［美］乔纳森·库勒. 论解构——结构主义之后的理论与批判[M]. 陆扬，译. 香港：天马图书有限公司，1993：77.

④ ［美］罗伯特·威廉姆斯. 艺术理论：从荷马到鲍德里亚[M]. 许春阳，汪瑞，王晓鑫，译. 北京：北京大学出版社，2009：241.

写"，"甚至任何东西说到底都是'书写'"①，其特征是"区分"（la difference）。换言之，任何事物都是语言，语言的特征在于各种差异的活动中的"在场"和"不在场"的竞争。他用"补充的逻辑"（logic supplementaruty）结构来解释言语和文字之间的复杂关系，"只有基于一个条件：永远不存在，'原生的''自然的'、未为文字所染指的言语，言语本身总是一种文字"②。

语境观和意义观是德里达解构主义理论中的重要思想。他认为解构策略在不同的文化、历史、政治情境中会有所差别。语境是"无边无涯"的，任何言语都存在于语境之中。言语意义在不同的语境或参照物下，大相径庭。"任何言语都不能从一切语境中切离出来，语境是不能灭绝无余的。所以，我们必须与诸多的边缘效果进行协调、周旋和交易。"③意义受到语境的束缚，但语境无法用边界来限定意义。文本的意义存在着无限可能，其随着语境的转换，永远处在不断变化和游移的状态之中。从根本上而言，文本的意义恰是与结构主义的观念背道而驰的，并不是单一的、确定的，而是多义的、含混的。在德里达看来，事物或结构的中心不在其本身，而在"他者"（other）那里。符号的意义植根于与其他符号的差异关系，不由内在的概念和所指所决定，而是由"他者"赋予的，因此内容势必导致对读者及阅读过程的重视。作为一种"双重写作"和"双重阅读"的解构，是阅读文本的一种颠覆性模式。它以某种方式栖身于文本内部结构之中，找出文本内部的张力、矛盾和异质性。一方面，通过颠倒文本内部的等级性消解二元对立；另一方面，通过改写原有的概念系统，论证文本对象逻辑上的不一致。"任何语境都不能把意义明确到不能再明确的程度，因此，语境既不生产，也不保证不可逾越的界限、不能跨越的门槛。"④德里达崇尚"意义的虚化"，其极力否定作品具有不变的、终极的意义。他的意义观是与其中心观一脉相承的，其否定的是西方形而上学中文本的意义源自符号本身的观念，而并非符号的意义本身。任何事物都存在着自身与他物之间相互交织的复杂关系，文本的阐释也是无穷尽的，符号只有放在特定的语境中才会生成某种

① ［挪］G. 希尔贝克，N. 伊耶. 西方哲学史：从古希腊到二十世纪［M］. 童世骏，等，译. 上海：上海译文出版社，2012：743.
② ［法］雅克·德里达. 解构与思想的未来［M］. 夏可君，编校. 长春：吉林人民出版社，2006：205.
③ ［法］雅克·德里达. 解构与思想的未来［M］. 夏可君，编校. 长春：吉林人民出版社，2006：387.
④ 德里达. 解构与思想的未来［M］. 夏可君，等，译. 长春：吉林人民出版社，2006：75.

意义。解构是从形而上的二元对立的论辩中探究"一种双重的、疑义丛生的逻辑"①，并非从传统的意义上解读文本。语境同文本一样，都是边界模糊广泛而又不确定的。世界万物的一切文本都是语境化的结果，都是无限的，文本的意义在交织的关系和与他者相关联的结构中生成。"语境"理论强调发现真理是透过事件分析语境，"解构不是一种你从文本外部加以运用的方法或工具。解构是一种发生在文本内部的事件。"②事件的存在必是与他物相关联时，在不同的语境中"能指"及"所指"的意义存在着本体论上的差异。知识和真理被特定的语境相互联系起来，从而获得了哲学方法论层面上的意义和价值。

德里达创造性地发明了许多颇具歧义和解构主义意味的新词，并运用偏离、分裂、错位、去中心等方法以建立不同于结构主义的新型语境思维，使能指与所指之间"抽象的暧昧"处于漂浮状态。这些新词如"延异"（differance）、"互文性"（intertextuality）、"播撒"（dissemination）、"踪迹"（trace）、"替补"（supplement）等，被誉为"德里达式"术语。其中，最有名的当属"延异"（也译作"异延"）。"延异"是文字的本质，"暗指结构与事件两种角度间这一了无定断，无法综合的交变"③。他综合了"差异"（difference）——"散播"（differing）——"延宕"（deferring）的含义创造出这一新词，"既指作为指意条件的某种先已存在的'被动'的差异，又指产生各种差异的散播行为"④。他并解释道："延异"和"差异"的区别在于其意义中的某些不可言说的东西。他在 1967 年出版的《书写与差异》《声音与现象》《论文迹学》三本著作中，运用解构的思想阐释"延异"的概念及其内涵，通过论述一种迂回、间隔、分裂、失衡、代表、距离的差异的运动表明书写与差异的连接点。1968 年，他又在《哲学的边缘》一书中发表《延异》一文，对其复杂含义进行了比较深入的阐释。"'延异'是个'反概念'，或是个有'概念'之作用的'非概念'。"⑤因为"延异"是"缺场"，而不是"在场"，是无以表现的差异的本源、生产和游戏，是一种"非本原的本原"。延异"具有延迟的时间性意义和使某物推迟的意义：'这种推迟也

① ［美］乔纳森·库勒.陆扬译.论解构——结构主义之后的理论与批判［M］.香港：天马图书有限公司，1993：94.
② ［法］雅克·德里达.论文字学［M］.汪堂家，译.上海：上海译文出版社，2006：45.
③ ［美］乔纳森·库勒.论解构——结构主义之后的理论与批判［M］.陆扬，译.香港：天马图书有限公司，1993：82.
④ ［美］乔纳森·库勒.论解构——结构主义之后的理论与批判［M］.陆扬，译.香港：天马图书有限公司，1993：82.
⑤ ［法］雅克·德里达.多重立场［M］.余碧平，译.北京：生活·读书·新知三联书店，2004：35-36.

是一种时间化和空间化，是空间的时间化和时间的空间化。'"①空间上的"异"和时间上的"延"潜伏在既定的结构之中，使得意义被分化而飘忽不定。此外，德里达认为"延异"具有"播撒"的含义。"播撒"是与文本共生的，在不同的语境中不断变异和增值。在无止境地瓦解文本的过程中，揭示其无序性与重复性，表明意义的产生是差异和延宕的结果，体现出意义的根本特征。文本的含义通过文本的结构被不断地解构，因此也发生持续的变化，但不可能到达本真世界。"播撒"体现了文本的文本性，使文本的完整性变为不可能。概括而言，"延异"既不是一个概念，也不存在本质。它不依赖外界的因素，而是差异的本源或差异的游戏，表现了意义在时空中的跌宕起伏。德里达说："我们将用'延异'这一术语来甄别、识认出使语言，或一切代码，一切总体上的意指系统，成为如一张差异之网似的'历史'构成的运动。"②王一川教授认为"延异"是德里达解构理论的核心。"它的作用在于把'存在物'不再引向'存在'的'中心'，而是背道而驰地朝边缘地带'移心'（decentrement），即奔向非中心、非结构、非总体，在这片荒野上'游戏'。"③在德里达看来，正是永无休止的"延异"瓦解了西方形而上学体系，使作品成为无中心的表面离散结构系统，使作品的意义更加多元和飘忽不定，其观点具有明显的虚无主义倾向。

"互文性"理论涉及文本产生、意义生成、阅读模式、与客观世界的关系、文本之间的关系、与历史文化的关系等诸多问题，意欲揭示文本表象背后丰富的意义及其不确定性，阐释作品内部之间、意象和隐喻之间错综复杂的关系。德里达认为，文本的结构作为无限开放的意指链，由能指的"踪迹"构成。"踪迹"是文本中的一种似是而非的语言符号（在场），它借助不在场的事物使自身得到显现，是"延异"的必然结果。"超文本"则使意指链转化为物质实体因而产生新的空间存在形式，文本的自我解构造成意义的"撒播"。踪迹不再是一个固定的"有"（presence），而是不确定的"无"（nothing or nothingness）。它是"对踪迹本身的抹消"，"踪迹作为它自己的抹消而自行产生。抹消踪迹本身，逃避有可能将它保持在在场之中的踪迹本身，此为踪迹之所固有。踪迹既非可知觉的，也非不可知觉的。"④在场并非符号意指的东西，也不是踪迹指向的东西。"在

①　[法]弗朗索瓦·多斯.解构主义史[M].季广茂，译.北京：金城出版社，2012：41.
②　[美]乔纳森·库勒.转引自论解构——结构主义之后的理论与批判[M].陆扬，译.香港：天马图书有限公司，1993：111.
③　转引自：肖锦龙.德里达的解构理论思想性质论[M].北京：中国社会科学出版社，2004：5.
④　[法]雅克·德里达.解构与思想的未来[M].夏可君，编校.长春：吉林人民出版社，2006：219.

场就是踪迹的踪迹，抹消踪迹的踪迹。"①换言之，踪迹不同于在场与不在场本身，而在于二者之间存在的差异在被抹去过程中消失的踪迹的踪迹。它和文本以外的其他符号既相关联又有差异，符号之间的交错、对立和比较才能使意义和价值得以凸显，否定了形而上学的"本源"。文本相互之间也是相互交织的，并非一个意义明确的封闭系统，是没有终极意义的结构。"播撒"潜伏其中，并在其内部不断瓦解文本，造成混乱和差异，从而制造出多重意义的解构世界。

德里达的解构主义哲学理论推翻了传统的语言结构，动摇了西方长期被视为"真理"的二元对立思维方法的统治地位，颠覆性地诠释了声音和文字，在场和缺席、中心和边缘、意义与语境等概念之间的关系，以阐明对立双方本质上也属于另一方。它一方面彻底地批判了西方文化的形而上学基础，另一方面开启了对待文本的一种游戏姿态，被业界称为"文字游戏的巨型蒙太奇"。他视历史为难以定论的文本，将文化史描绘成异质的、断裂的、不连续的、多元的、具有冲突和争议的意义和价值观。对古典和现代体制化观念的彻底否定以及对批判话语的革新是一种伟大的创造性活动，开拓出一种充满差异、流变和不确定性的丰富多彩的生活景观。德里达反思和批判一切传统思想和文化，试图开拓全新领域的解构主义思想，其实质是一种极富创造力和挑战性的行为。他最大的贡献在于极端地批判了"逻各斯中心主义"文化传统，并在文化领域掀起了一场旷日持久的意识形态革命。

德里达的"解构"思想深刻地影响到建筑领域的设计思想、审美观念、价值取向和研究方法。以埃森曼为首的建筑师们从解构主义哲学中获得启发，将"文本""异延""踪迹""替补""历时性"等哲学术语引入建筑理论与实践，重新审视形式与功能、真理与谬误、能指与所指、中心与边缘、理智与冲动之间的界限及关系，解构主义建筑一时间风起云涌。德里达本人也积极投身于建筑评论中指导设计实践，他评论埃森曼和屈米"在解构主义建筑这个名义下所做的是解构最直接、最强烈的肯定"，并认为"解构主义建筑'在建筑学意义上重建了建筑本身'"②。尽管有的理论家或建筑师批判这一行为是故弄玄虚、哗众取宠，但从本质上而言，不同学科的理论必然存在着差异性，解构现象与解构主义哲学和当代设计观念的高度契合已成为事实，探究不同领域的内在关联从而发现人类生存的真正价值更显意义重大。

---

① [法]雅克·德里达. 解构与思想的未来[M]. 夏可君，编校. 长春：吉林人民出版社，2006：219.

② 尹国均. 建筑事件，解构6人[M]. 重庆：西南师范大学出版社，2008：228.

二、米歇尔·福柯与"异质空间"理论

法国哲学家福柯反对将自己的理论归入结构主义或解构主义，其思想也与德里达大相径庭，但其消解传统的旨趣和反中心、反权威、反常规的鲜明特征在很大程度上与解构主义有异曲同工之处。福柯哲学的主要思想贯穿着权力、知识、主体三条轴线，反对为权力、真理或自我建立一个具有普适性的文本。他关注异质因素本身及之间的分化与多样，将不确定性视为文化现象的根本。他将结构主义和现象学的研究方法、马克思主义和批判理论、结构分析和历史分析创造性地结合起来，其理论"呈现出一种'努力在人们的意识中改变点东西'的伦理维度"①，贯穿了强烈的创造精神，对当代哲学美学的影响深远。

福柯在其成名作《疯癫与文明》中，对文艺复兴至今的哲学、文学及艺术中的疯癫现象进行描述和剖析，表明疯癫是人类精神思想中不可或缺的重要方面，从而发掘其对于当下人类生存的现实意义。理性和非理性(疯癫)从古至今都是如影随形的，构成了西方文化中的一个特定的向度。传统的理性主义语言话语禁闭了疯癫，并试图完全抛弃理性话语，建立一套与其完全相反的新语言话语，以揭示疯癫、解放疯癫，乔治·康吉兰(Georges Canguilhem)认为，福柯在其中从哲学的高度反思精神病专家的材料，表达疯癫实际上是在历史进程中形成的社会直觉对象。② 福柯质疑精神病学体系，将疯癫的实质视为权力的运作。他极力揭示理性对于非理性的话语霸权，并与精神病学家发起反精神病学运动。在他看来，精神病人被一批操纵权力的"正常人"划为精神病人一类，是理性的暴力。事实上，在精神病人眼里，所谓的"正常人"才是精神病人。人为地将精神病人隔离，不过是理性对于作为"他者"的非理性的一种控制和压迫。建筑师屈米受到启发，在巴黎动物园(Paris Zoological Park，2014)的设计中同样采用了这种思辨逻辑。1934 年，占地 15 公顷的巴黎(原名"樊尚")动物园是世界上最古老的放养动物园之一。屈米认为，传统的动物园以人为主体进行交通流线的规划设计，游览方式是将人和动物对立起来。而在动物的眼里，人是动物，因此应以动物的视角进行综合考量，通过建立一种共同的语言，消解人与动物的二元对立。新园利用双重围合的设计理念扩展了

---

① [美]艾莉森·利·布朗. 福柯[M]. 聂保平，译. 北京：中华书局，2014：31.
② [法]米歇尔·福柯. 疯癫与文明——理性时代的疯癫史[M]. 刘北成，杨远婴，译. 北京：生活·读书·新知三联书店，2013：275.

概念，探讨了概念、形式与"无形式"的关系。新建筑中随意放置的木质横梁成为建筑最特别的部分，通过遮蔽作用反映出 21 世纪建筑功能围合与视觉围合的分化。福柯指出，艺术创造的内核即是"疯癫"。疯癫造就了艺术，换言之，艺术作品是疯癫的"无能创造"①。疯癫的症候话语被清晰症候话语所割裂、歪曲、排挤或救治。在他看来，艺术作品的产生是基于空无一物的疯癫对标准的经验阐释的反抗。

　　美国人类学家福德·吉尔兹（Cliffoord James Geertz）认为，福柯是"一个令人无从捉摸的人物：一个反历史的历史学家，一个反人本主义的人文科学家，一个反结构主义的结构主义者"。② 他所创立的"知识考古学"（也称"解-历史学"，archeologie）理论以"话语实践"为考古学的研究对象，对西方哲学具有根本性的变革意义。该理论指出每个时代的学说、思想、历史、精神、意义、知识并非按时间线索线性发展，而是在某个考古学时空层面和方位上的碎片。他认为，历史主义者将不连续的考古实物碎片进行推衍、臆想还原为精神、意义，进而以线性思维载入历史，这样的做法是极其荒谬的。"知识考古学"的基本任务在于描述"话语事件"，消解历史学传统的文献、史料、思想和意义系统，探究实物、文物和纪念物所产生的缘由及其与社会制度、组织结构等实际事物的关系。他主张历史是"话语"（discourse）的构造，但其"话语"所指超出了语言学概念，具有特殊的意义。它是人类的一种主要实践活动，建立在批判结构主义文本理论的基础上。话语包括话语的陈述、构成以及与之相适应的规则，并非仅仅是语言的机制或进程。③ 话语不存在主导，并在不断运动的界面中相互交错和关联，是调控权力之流的规则系统。他认为"话语"和"权力"控制下的政治经济和意识形态构成了社会文化的活动因素，并极力反对结构主义用孤立的方法研究语言系统和文本。不同历史阶段或考古层面的对象在某些规则的限制和约束下组合成话语的组构系统。从表面上看，福柯的"话语理论"与索绪尔关于"语言"和"言语"的二分法相似。其实不然，他强调的并非某种潜伏的深层结构，而是历史话语背后具有某种特定时代断层的意识形态性质。在他看来，人的实践产品是特定时代断层中的"话语"，以一种不连续性的碎片方式存在，作为实践关系网中的一个网结（net-work）具有非语言性和物质性（materiality）。知识考古学是以批判性的视角考察历史文化形态中的断续性，不聚焦于"作者""文本"及其建构法则，

---

① ［美］艾莉森·利·布朗. 福柯［M］. 聂保平，译. 北京：中华书局，2014：5.
② ［法］米歇尔·福柯. 疯癫与文明——理性时代的疯癫史［M］. 刘北成，杨远婴，译. 北京：三联书店，2013：275.
③ ［法］米歇尔·福柯. 知识考古学［M］. 谢强，马月，译. 北京：生活·读书·新知三联书店，1998：200.

也不寻求话语背后潜藏的意义，而是以一种历史主义的策略揭示西方文化基础的缺陷。

1970年前后，福柯由考古学逐渐转向系谱学（genealogie）研究。他将自己置身于话语领域，主张"权力"不能简单地被视为阻止某人或某事的强权力量，以历史批判的视角钻研权力、话语和肉体之间的辩证关系。权力影响和控制"话语"运动的根本因素，来源于尼采的"强权意志"。它散布于整个社会，利用知识来伪装统治阶级的意识形态，达到操控社会的目的。知识和真理建立于权力关系之上，并非"自由精神"的产物。柏拉图、黑格尔、弗洛伊德（Sigmund Freud）等人已经成为权力话语的化身，非个人力量的"知识意志"以潜在的形式支配着特定领域的知识，各种知识的规则和礼仪在具体的话语实践中必须得以遵守。作为一种国家专政的工具，知识是表象，权力才是实质，是管理、控制、支配、约束社会群体的工具。从积极方面来看，权力是维持公共秩序和政策目标的"必要的恶"；从消极方面来看，权力则是谋取发起战争、实行强权和专政、谋取不正当利益的手段。但福柯相信权力是一种渗透在社会各个层面的微观权力形态，并无所不在。任何人在布满权力的社会各个角落中，既压迫他人，也被他人压迫。他"追踪西方实证性（positivites）之阴暗面，发现被压抑的他者形象。为了达到这个目的，他发掘了自解放性的启蒙话语所遮蔽的规训程序（procedures disciplinaire），以及盘绕在人道主义之下的恐怖，揭示了隐藏在科学心脏地带的基本权力问题，因而对西方的现代性，对理性的统治，他坚持尖刻的批判立场"①。福柯将中心化的"权力"驱散得七零八落，但被削弱的权力依旧存在，且成为一种解构西方形而上学中理性主义的工具。其思想是"对现代社会以及它生成支持的'文明的'或者'启蒙的'价值所作的深刻而雄辩的控告"②。

在福柯看来，权力不是事物，而是各种力量之间的关系。他在讨论15世纪文艺复兴绘画时，用此观点表达对事物和绘画的理解和认知方式。他不按常理从画面的构图、光影、色彩、笔触等形式语言出发，而是另辟蹊径地将画面拓展至画外，关注绘画空间中的人、物品及观者之间等相关物的结构关系，试图重新创造一个新的叙事句法，摆脱既定的绘画史叙述框架，揭示画面表象背后的复杂结构和深层系统。他在《词与物：人文科学考古学》一书中，分析了委拉斯贵兹的作品《宫娥》中人物和观者目光之间的空间结构关系，指出观者在虚空的场所中观看画面中各个人物的目光具有不稳定性。当观者

---

① ［法］弗朗索瓦·多斯. 解构主义史［M］. 李广茂，译. 北京：金城出版社，2012：307.
② ［美］罗伯特·威廉姆斯. 艺术理论：从荷马到鲍德里亚［M］. 许春阳，汪瑞，王晓鑫，译.
   北京：北京大学出版社，2009：229.

图 2-1　《宫娥》，委拉斯贵兹，
藏于西班牙普拉多博物馆

的目光介入这个场所时，"观者发现自己的不可见性为画家所见，并转化为一个自己永远看不见的人像"①。画面通过一束从右到左的光线的主光源，使画面中的人物可见，因而主光源是画面内外部人物和事物存在的共同基础。远处处于画面近中心位置的一幅挂在墙上的画实则是一面镜子，因其正好处于透视结构中而打开了一个消退中的空间，使自身不可见甚至被忽略。他认为事物的本质是由句法系统所决定的，人类无法凭借比喻、隐喻或直喻去表达思想，也无法仅凭看去理解和认知事物。在对《宫娥》的解读中，福柯主要传达了两个思想，即"凝视过程中看与

被看的互动，再现过程中镜像与画面的相互观照"②。这种思想对西方符号学研究颇有影响，美国的三位著名学者约翰·希尔（John Searle）、阿瑟·丹托（Arthur Danto）和汤姆·米歇尔（W. J. T. Mitchell）分别从不同的视角和方法解读《宫娥》与福柯的"再现"与"凝视"理论。福柯将任何一个文本都纳入权力和知识的游戏，还将文本性的概念扩大至社会生活的全部领域，其思想具有一定的历史意识和强烈的批判资本主义意识形态的色彩。

福柯理论中对当代绘画和设计影响最大的当属他的"异质空间"理论。他在 1967 年的一次建筑学研讨会中以"异质空间"（des espaces autres）为题发表演讲，提出有别于理想世界的"乌托邦"（utopie）的"异托邦"（heterotopies）概念，以指涉人类所处的由各种复杂的、相异的、非均质的"异域"。他认为，现代的空间观念和形态与中世纪和文艺复兴时期不同，"场所性"（emplacement）已成为一种新时代具有变革意义的空间观念，人类可以从场所间的关系中获得权力和利益。在所有社会的文明中，现实中所有真正的场所是富有争议而又被颠倒的，存在着一种反场所的乌托邦。这些场所被称为"异托邦"，与它们所反映的场所的乌托邦截然不同。③ 由此看来，异托邦是真实存在于现实世界之

①　[法]福柯.词与物：人文科学考古学[M].余碧平，译.上海：上海三联书店，2001：4-6.
②　段炼.视觉文化与视觉艺术符号学[M].成都：四川大学出版社，2015：164.
③　[法]福柯.异质空间[J].王品，译.世界哲学，2006：54.

中的(尽管也有虚幻的成分)，有别于乌托邦的遥不可及的虚幻世界。他将"异托邦"的特征定义为世界的多元文化格局、不同社会之间的文化差异、互不相容的场所或事物、包容异质时空的历史片断、既封闭又开放的人景交互系统、影射真实空间的虚幻空间。① 实际上，"异托邦"中现实与异域世界中的异质性因素在同一场所得以呈现，是理想主义的"乌托邦"在真实世界中的映射，其彼此间相互关联又充满矛盾，多元、异质、断裂、混沌的状态折射出现实世界的社会状况。福柯所言的真实空间是具有"异托邦"特质的"外部空间"，不同于结构主义对"内部空间"的关注。他探究"异质空间"的意义，并将这种研究方法自称为"异质拓扑学"(heterotopology)。总而言之，福柯的"异质空间"理论颠覆了传统形而上学对空间的单向度认知模式，指出人类所生活的空间是真实空间与异域场所之间不可规约的多元动态联合体，引起人们对自身的生存境遇及失控问题做出深刻的反思。

三、吉尔·德勒兹与"褶子"理论

德勒兹(Gilles Louis Rene Deluze)是法国后现代主义哲学家，被誉为众生奔波在"思想高原上的人"。他致力于思考"哲学是什么"的问题，认为哲学是创造概念和"自我指涉"(self-referential)②的过程，其目的并非寻求真理。哲学的主要任务是通过创造概念获得新的视角，以重新审视世界。他挣脱传统社会文化的束缚，以去中心、差异性、非整体性、流变性、多元化的解构主义观念诠释混沌的世界。"多元论的观念——许多事物有许多意义，一事物被看成各种各样——是哲学(后现代哲学)的最大成就。"③他撰写的《折叠》(The Fold)和《哲学为何?》(What is Philosophy?)对设计领域影响颇深，并创造了大量独特的概念和方法来诠释关于生成(becoming)的本体论，如"欲望机器"(desire machine)、"块茎"(rhizome)、"褶子"(folds)、"游牧"(nomadic)、"感觉的逻辑"(logique de la sensation)、"精神分裂分析法"(schizophrenia analysis)、"图解法"(graphical method)等，为复杂性科学在参数化建筑的应用及景观都市主义研究提供了重要的思想依据。其研究广泛涉猎政治、文学、语言学、心理分析等非哲学和绘画、电

① 施庆利.福柯"空间理论"渊源与影响研究[D].济南:山东大学,2010:33.
② 陈永国.游牧思想:吉尔·德勒兹,费利克斯·瓜塔里读本[M].长春:吉林人民出版社,2003:4.
③ [美]大卫·雷·格里芬.超越解构——建设性后现代哲学的奠基者[M].鲍世斌,等,译.北京:中央编译出版社,2002:3.

影、戏剧等艺术领域，不仅限于"纯哲学"范畴，成果颇丰。德勒兹在《反俄狄浦斯：资本主义与精神分裂症》（1972）一书的续篇《千高原》（*A Thousand Plateaus*，1980）中，提出了一种从内心进行革命、全面反抗权力施加给人们的策略，这个革命的对象不仅仅是对资本主义的偶然颠覆："事实上，由资本主义产生的交换模式为真正重要的能源的自由流通提供了基本的原型。"①他补充道："我们必须在可能的最深的层面努力有意地瓦解自我，然后它就能够使我们用无数种新方式改造自己，培养出符合不断变化的存在本性的'游牧式'生存模式。"②在他看来，思想的独裁主要是由"前指意符号"（presignifying signs）系统、"对抗指意符号"（counter-signifying signs）和"后指意符号"（post-signifying signs）系统这三个特殊的符号系统造成的，它们相互之间存在交集，存在一个主导系统，是由异质因素构成的个体。对此，他提出"游牧符号系统"（nomadic sign system），即摆脱符号限制的生成系统。"游牧思想是一种反思想（anti-thought）。反对理性，推崇多元。它立志推翻'我思（cogito）'，旨在建立一种外部思维（outside thinking）。"③游牧思想对符号系统的独裁以及等级制的反抗，对总体性、普遍性、有序性、同一性的抵制，其实质是对西方社会和文化现实的反叛，从而将思想引入更加多元化的世界。艺术领域由此引申出"游牧艺术"的概念，力求把变量置于持久不变的运动状态。在创作中，以不断变化和游离的状态中自然生成某种偶然和随机的表达形式，不再预设某种强制性的形式或质料模式。

"块茎"是德勒兹哲学中的重要思想，他借此比喻一种复杂的思想及哲学实践以阐述其"生成学说"。"块茎"不同于自然界中的根状植物，是一种无基础、不固定、临时性的植物。它是相互关联的复杂结构系统，其任何一点都与其他点相连接，将各种异质性的碎片聚集起来。在某一个空间内，"块茎"无始终地繁殖和延伸，其中的每个关系在随时断裂的过程中形成新的关系。"块茎"并非永久性的，而是在自然生长、毫无规则、不断变化的过程中形成的多元网络。它探究如何让文本、概念、主体发挥作用，从而建立新的关系，并不关注文本的潜在意义。"块茎"理论对于二元对立思想和传统的

---

① ［美］罗伯特·威廉姆斯. 艺术理论：从荷马到鲍德里亚［M］. 许春阳，汪瑞，王晓鑫，译.
北京：北京大学出版社，2009：230.
② ［美］罗伯特·威廉姆斯. 艺术理论：从荷马到鲍德里亚［M］. 许春阳，汪瑞，王晓鑫，译.
北京：北京大学出版社，2009：230.
③ 陈永国. 游牧思想：吉尔·德勒兹，费利克斯·瓜塔里读本［M］. 长春：吉林人民出版社，
2003：14.

人类中心主义进行了颠覆，表明人与自然界是相互依存、共生共荣的，"以人为本"或是"以自然为本"都将自取其咎。它对环境美学的研究影响颇深，并成为理解当代数字文化和哲学实践的理论图式。

德勒兹提出的"生成"（becoming）概念，是使事物内外之间界限模糊，并自由沟通和转换的一种运动。它保留了事物之间差异性关系，解放了事物的内部结构深层的、潜藏的要素。在景观设计中，从追求设计结果到注重过程的转变，是与德勒兹的"生成"概念相契合的。传统静态的、逻辑的自上而下的设计方法被逐渐消解，取而代之的是动态的、自由的自下而上的设计方法。它是基于场地的地形、植被、地貌、水文、土壤等自然环境要素以及历史传统、地域文化、风俗习惯、使用群体等人文环境要素，通过综合考量各要素之间的利弊，并指定某种算法或规则，使景观形态从错综复杂的关系中涌现生成出来。

"褶子"理论作为德勒兹哲学中的核心概念，对当代建筑和景观观念的渗透可见一斑。"折叠空间"是当代建筑及景观设计师讨论设计本质、设计与人之间关系的一个热点话题。巴洛克时期的数学家、哲学家戈特弗里德·威廉·莱布尼茨（Gottfried Wilhelm Leibniz）在对巴洛克时期艺术的研究中提出了"褶子"概念。他将"连续"比喻为无数个极小的单元体迷宫，这些单元体不断地连续重复运动形成褶皱层。德勒兹破解了其中蜿蜒曲折的褶子之谜，发现了褶皱式的、身与心折叠的双重世界，并将这一观念延伸到空间的层面，形成其独特的哲学方法。在《褶子：莱布尼茨与巴洛克风格》（1986）一书中，他深入剖析了莱布尼茨褶子理论中的"褶子"概念，表达了他将世界视作一个冲突与和谐共存、"美丽而浩瀚的褶子"①。这个巨大的褶子在对立与统一、简单与复杂、重复与差异、分化与生成的结构中，永无止境地循环往复地折叠、展开、再折叠，"象征着差异共处、普遍和谐与回转迭合。"在《褶子：莱布尼茨与巴洛克风格》一书中，他重点阐述了曲线形式及连续变化的差异，以及巴洛克艺术中的"褶子"。他用"褶子"理念分析思想内部结构的主体化，并称其为外部结构的褶子。概括而言，"我们在'思'中进行着思"②。"我思故我在"是笛卡儿认识论哲学的始源，他认为粒子之间的差异和分离促使物质的运动，从而形成松散的结构。德勒兹则持截然相反的观点，他认为，褶子（相当于粒子）之间不同部分的差异使结构紧密而坚实，是相互关联、绝不可分的，暗示了一

① ［法］吉尔·德勒兹.福柯褶子［M］.于奇智，杨洁，译.长沙：湖南文艺出版社，2001：375.
② ［法］吉尔·德勒兹.福柯褶子［M］.于奇智，杨洁，译.长沙：湖南文艺出版社，2001：375.

个具有无限延展、交叉、流变和生成的可能性的自由的、开放的、复杂的、多元的、难以分辨的空间，是差异性的合法化象征。

"褶子"思想最早由埃森曼及其学生格雷戈·林恩（Greg Lean）引入建筑设计领域，他们认为当代"褶子"美学范式是建筑折叠以连续性的混合整合了孤立元素。在埃森曼的《展开的视野：电子传媒时代的建筑》（1992）、林恩的《建筑中的：褶子》（1993）、杰弗里·吉普尼斯（Jeffrey Kipnis）的《走向新建筑：褶子》（1993）等宣言式的著作中，发展了一种"差异中的褶子"（folding in difference）[1]观念。他们指出，当代建筑处于一种复杂的、流变的"褶子运动"之中，后福特时代机械论美学范式正在逐渐消亡，并成为一种新时代的后工业美学范式。埃森曼在《视野之拓宽》（Vision Unfolding）一文中提到，折叠空间有效用、有功能、能遮蔽、有意义、有美感，是一种无关情感、理性化、有意义和功效的情感空间。折叠空间呈现出一种过渡状态或令人感动状态，其功能与意义在时空交叠中逐渐形成。[2] 褶皱通过变形而不断裂的方式连接为一个整体，是一种复杂的、交叠的、具有黏性和流动性的拓扑几何学形式，从而保持形式上的完整性。建筑的褶皱是一种用基地、空间和材料展开而成的连续体来重新认识重力规律并创造新形式的拓扑美学。这种沿时空展开的连续变化的动态形式拓展了建筑的复杂性和异质性，将建筑卷曲并回弹，破坏了结构的中心性。建筑的褶皱与其周边环境创造出新的关联和文脉，其形式上具有高度的复杂性。随着现代塑形材料的普及和计算机建模技术的成熟，建筑的褶皱已成为流行时尚。林恩和吉普尼斯创造出从片段向平滑演变的褶皱与变种的建筑形式，哈迪德在复杂空间中塑造了流线型扭曲的动态形式，盖里、伯纳特·凯奇（Bernard Cache）等众多建筑师尝试将"褶子"思想应用到设计实践中，OMA、MVRDV、NL、FOA、UN 等建筑事务所也借助参数化设计探究了"褶子运动"在形式创新方面的可能性，成效显著。如日本仙台媒体中心、西班牙毕尔巴鄂古根海博物馆、美国克里夫兰当代艺术馆等一系列项目中，充分展现了建筑表皮作为建筑外包装，在消解内外空间之间的对立上所起的作用。NL 设计的荷兰阿姆斯特丹停车场住宅、UN 事务所设计的梅赛德兹-奔驰博物馆等建筑的超曲面表面及内部多维空间系统的拓扑关系正是"褶子"思想的极佳注解。

---

① Charles Jencks. Critical Modernism：Where is Post-Modernism Going? What is Post-Modernism? [M]．Wiley-Academy Press，2007：59.

② P. Eisenman. Visions Unfolding. Andreas Papadakis，Geoffrey Broadbent & Maggie Toy（Editor）：Free Spirit in Architecture[M]．New York：St. Martins Press，1992：91.

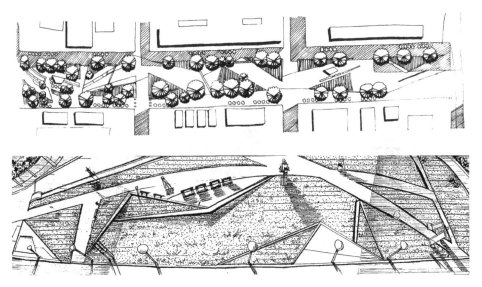

图 2-2 匈牙利布达佩斯城市公园

当代地景建筑也受到"褶子"理论的启发，用人工化的"起褶"手法将大地营造成一个连续的拓扑结构，是大地基面褶子中不可分割的一部分。其中，人类在其中的各种行为都是褶子中连续的流动，所有的要素都是紧密相连而又存在差异的。例如，在匈牙利布达佩斯城市公园（Corvin Promenane，2011）中，受自然条件和世俗传承双重因素的影响，景观设计师创造了一系列富于动感的雕塑和小花园，并用折叠的方式将空间分割开，使基地与周边环境在整合的同时保持地面形态的流畅，许多分裂的碎片在场地形成鲜明的视觉化效果。斯洛文尼亚的（General Maister Memorial Park，2007）也采用"褶皱"的处理手法，再现梅斯特将军驻扎过的北部边疆。用抽象的表现手法，将不同的道路沿着几何形式的草坪延展。墙壁上的条状铜棒上刻着士兵的名字，结合抽象的铜制骑兵，很好地表达了纪念意义。此外，FOA 事务所开展了大量从二维到三维的环境表面连续实验，以重塑建筑与地面之间的联系，正是对德勒兹"褶皱"理论的充分诠释。他们通过处理地面，将扁平的地面变形为非地面表面的活动领域。因重力而垂直向下的柱网结构演变为一种以表面为空间的几何结构。他们在日本横滨国际码头的设计中模糊了内外空间之间的界限并增强了空间的张力，采用拓扑学的方法形成自组织型的褶皱表皮，从而将建筑屋顶与花园和港口融为一体。

诚如美国著名建筑评论家詹克斯所言，"哲学是道，建筑是器，道与器有关系，但那关系曲折、微妙、隐讳"，这一观点恰如其分地体现了德勒滋的去中心学说及"褶皱"

图 2-3　斯洛文尼亚梅斯特将军纪念公园　　　　图 2-4　日本横滨国际码头

思想。"褶子"理论让我们意识到，由各种因素之间交互作用而形成的景观形态蕴含活力且丰富多彩。

第三节　信息化时代设计形态的变异

一、"混沌-非线性"思维的滥觞

"如果说自然是建立在恒久流变的基础之上，那么不稳定性可能就是引起自然界生物类型丰富多彩的原因。"①科学中所指的"混沌"（Chaos），是指自然界中任何物质的运动及生命过程看似随机的不规则运动，是决定性系统的伪随机性、是对牛顿经典物理学的反叛。量子力学的创始人沃纳·卡尔·海森堡（Werner Karl Heisenberg）的不确定性原理证明了人类意识使广义的科学研究不可能完全客观，揭示了世界本质的随机性。"混沌"是随机的、不确定性的，也是世界的本质。

---

① ［美］凯文·凯利．失控——全人类的最终命运和结局［M］．张行舟，等，译．北京：新星出版社，2010：138．

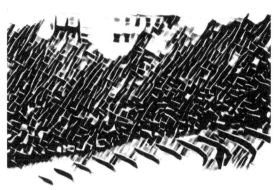

图 2-5　混沌现象

混沌世界在看似简单无序的表象背后，其复杂性和矛盾性更贴近世界多样化的本来面目，暗藏着丰富有序的内部结构，此乃地球生命体赖以生存和发展的根本原因。现代混沌学揭示了一种混乱、无序、模糊的系统表征背后隐藏的非线性规律，植根于气象学和非线性动力学系统。20 世纪物理学的第三次大革命是以混沌学为代表的非线性科学的兴起。混沌并非单纯的无序或混乱，而是具有分形性质的层次结构。该结构系统从整体上具有稳定性，但局部的不稳定构成了系统进化的基础。混沌理论通过整体而连续的数理关系解释和预测人口变迁、气候演化、化学质变、社会行为等动态系统，是兼具感性与理性的分析方法。① 非线性科学自 20 世纪中叶起突破了线性科学对人类的限制和束缚而得到长足发展，其主体是混沌、分形(fractral)与孤子(soliton)，同时受到协同学、耗散结构理论、突变理论、模糊理论及自组织理论等相关学科的启发。

在 1972 年第 139 次美国科学发展学会上，爱德华·洛伦兹(E. N. Lorenz)②在《蝴蝶效应》一文中论述，在巴西的一只蝴蝶，拍打翅膀所产生的微弱气流，一周后可能会导致美国得克萨斯州产生龙卷风。通过这个看似荒谬的现象，他意图阐明简单原因与复杂结果之间的非线性关系，断言天气的不可准确预报性。在《混沌的本质》中，他将动力系统中两种近乎一致的状态经过长时间后变异的现象称作"敏感地依赖于初始条件"③，

---

① 董治年. 作为研究的设计：CHAOS 可持续设计的理论与实践[M]. 北京：化学工业出版社，2015：前言.

② E. N. Lorenz，美国麻省理工教授、混沌学创始人之一。

③ [美]E. N. 洛伦兹. 混沌的本质[M]. 刘式达，译. 北京：气象出版社，1997.

这种不确定的发展轨迹即为混沌的本质特征。混沌是非线性科学系统中的固有属性和普遍想象，主要指确定性系统产生的一种对初始条件具有敏感依赖性的回复性非周期运动。它看似与随机运动一样具有不可预测性，但究其原因在于运动的不稳定性。也就是说，混沌系统的参数具有很强的敏感性，即使非常小的初始值变动或干扰，也会对系统产生根本性的影响。正因"混沌-非线性"思维与自然界的演化规律相契合，所以对当代建筑及景观产生了深刻影响。西方景观设计美学从现代以功能主义和理性主义为特征的"均衡"为美，转向当代以自组织为特征的"混沌"和"流变"状态为美，是西方社会思维形态由"线性"思维向"非线性"思维转变的外在表现。以"混沌""非线性"为特征的后结构主义思维是景观形态趋向解构的诱因，而当代信息技术的飞速发展则是解构形态形成的直接动力。

混沌理论主要研究复杂的非线性力学规律，对传统建筑非此即彼的线性思维范式发起了严峻挑战。詹克斯强调"混杂"是"未来之路的本质"[①]。1995 年，他在专著《跃迁性宇宙的建筑》(*The Architecture of The Jumping Universe*)[②]中提出一种宇宙价值论，运用非线性科学，自上而下地解释了从宇宙、科学、社会、文化、审美观到建筑风格的复杂性本质，指出解构主义建筑思潮的产生是与事物的非线性和突变性特质相呼应的。1997 年，他应邀作为英国《AD》杂志的客座主编，并在第 129 期上发表《非线性建筑：新科学=新建筑》，其中阐述了"非线性科学"这一新的科学成果，分析了建筑实践领域大量与其相对应的作品形式语言，并预言它作为一门新兴的复杂性科学将取代牛顿经典理论中的现代"线性科学"而成为一场重要的建筑运动。此后，解构主义建筑师以"混沌-非线性"思想为出发点，以解构主义思想家的反权威、去中心、反二元论、异质性、无标准、偶然性、开放性思想为武器，其自由而开放的建筑形式迅速成为建筑界令众人追捧的时尚和潮流，引起了现代主义以来对设计创作思维、过程和方法上的一次最重要的变革探索。

"混沌-非线性思维"是当代西方多元文化背景下自然形成的观念产物。非线性系

---

① Charles Jencks. Critical Modernism: Where is Post-Modernism Going? What is Post-Modernism? [M]. Wiley-Academy Press, 2007: 11.

② 副标题为"一种理论：复杂科学如何改变建筑和文化"，原文为 A Polemic: How Complexity Science is Changing Architecture and Culture。

统是混沌和秩序、随机和确定、不可预测和可预测、自由意志和决定论从深层次上相结合的矛盾体。① 事实上，景观就是一个非线性的复杂系统。随着景观要素之间异质、多变、多元的复杂关系的变化，以及审美主客体的随机性，景观始终处于一种混沌的复杂状态之中。秉持这一新型思维观，在复杂性的异质空间中探寻似与不似、秩序和无序、稳定和不稳定之间的动态平衡关系，将会创造出当代多元化世界中的别样风景。

二、解构主义建筑的形式探索

(一)解构主义建筑思潮概述

从古典到现代，垂直和平行的柱网方格一直是人类崇尚的建筑结构模式，体现了西方文化潜意识的"理性"逻辑。该结构观念就如同一种由各种纵向的、线性的、共时性的语言要素组成的结构系统，其语法反映出人的思维结构。自维特鲁威在《建筑十书》中提出方便、坚固和愉悦作为建筑的三要素以来，古典和现代主义建筑便以此为基本准则。现代主义虽然摒弃了古典装饰，采用了新型材料，但继承了古典主义的平行和垂直概念。譬如密斯·凡德罗（Ludwig Mies van der Rohe，1886—1969）作品中理性的、固定的、逻辑的直线所创造的平面就彰显了古典的精神。直到后现代社会中的部分具有开创性的学者敏锐地感受到当代文化和生活的整体性异化，开始对古典和现代的轴线和中心加以拆解。受知觉心理学(perceptual psychology)、人格心理学和精神分析中的原型(universal archetypes)和集体无意识(collective unconscious)观念的影响，他们认为，古典和现代的经典原则禁锢了人们的思想和创造力。于是，以游戏的、零散的、分裂的、错位的、旋转的、偏离的、重叠的、无中心化的、零散化的解构手法和激进姿态挣脱传统的束缚，用"消解"的手法打破了传统的二维模式和柱网方格，创造了大量异形的、倾斜的、分裂的、畸变的、破碎的、零散的，甚至是"非建筑"的抽象几何形式建筑。

① 万书元.当代西方建筑美学新潮[M].上海：同济大学出版社，2012：179.

1988 年 6 月，纽约现代艺术博物馆举行了"解构主义建筑"七人展，由建筑师约翰逊和建筑评论家威格利主持，展出了盖里、库哈斯、哈迪德、里伯斯金、蓝天组、屈米和埃森曼的作品，标志着解构主义建筑的滥觞，从此开创了一个新的时代。埃森曼首当其中地将解构主义哲学引入建筑设计，以敏锐的哲学思辨和创新大胆的形式语言探索了建筑存在的多种可能性；盖里运用数字化的多角斜面、抽象结构和倒转形式，塑造出具有强烈个人风格的构造美学；屈米关注建筑中的空间与事件、文脉与内容、概念与形式、活动与机能之间的辩证关系；里伯斯金用伤痕建筑直面历史，将跨学科的批评方法引入建筑领域，取得了令人瞩目的成就；库哈斯凭借无限的创造力将建筑学定位于广泛的城市社会系统，以先进性的建筑姿态回应当代社会问题；哈迪德凭借其天马行空的想象力，创造出令人惊叹的动态塑形的建筑，成为建筑界耀眼的明星；蓝天组设计了大量反文化、反建筑、反造型形式的建筑实践作品……种种迹象表明，传统固有的建筑话语体系被推翻，新的建筑游戏规则正在引起对建筑本质的重新定义。新型的建筑话语形式包含无数不和谐的紧张因素或变量，威格利称之为建筑内在的"暴力"。在德里达看来，对现有文本的重复式解读，以及对文本结构的拆解和重组，都是以"双重阅读"的形式展开的新文本建构过程。因此，解构作为一种策略，也是文化的重构者。当今，解构主义建筑在挣脱传统束缚的过程中，通过拆解其中旧的文化体系来建构新的文化逻辑。它并非符号学中的某个所指物，而是与构筑行为之间的对话，是一种隐喻生存意义的物质产品。不循常理的建筑实践唤起对常规程序中的不稳定与弱势因素的关注，主从关系的颠倒和自由的发展推动着整个建筑的诗意及道德的发展。

　　"'解构'是一种人的'在场的'当下状态，是反理性、反逻辑和反体制文化的。"①在后现代文化背景下，"解构主义建筑师"并非一个具有共同思想纲领和设计风格的群体，但其共同点在于对长期以来占统治地位的建筑概念和形象的悖反，对建筑"文本"的连续性和保守的思想意识的重构，以批判的精神和创新的方式消解传统建筑的和谐系统。他们以建筑为媒介，向居住、功能、技术、宗教及中心化的价值标准发难，从而否定传统观念、社会制度及政治结构，消解社会、审美甚至功能意义。他们对审美、实用、功

---

①　尹国均.建筑事件，解构 6 人[M].重庆：西南师范大学出版社，2008：5.

能、生活、居住等建筑概念进行分解，以断裂、扭曲、冲突等反形式和反美学的设计手法颠覆了传统设计中的理性、中心化及二元对立的思想，以棱角、椎体、晶体形态构成的内部空间颠覆了建筑内部的主从秩序，形成了时空上的意义变化。人在体验和阅读建筑的过程中被赋予了建筑意义。建筑师留下的"标记"给读者预留了一个阅读和联想的空间。这个过程隐喻了在世性、过程性和时间性的体验，具有新奇感，并富有戏剧性。他们对一切既有的建筑规则和教义进行彻底的解构，不仅强烈地批判西方建筑界"正统"的和谐观以及秩序观，而且以激进的方式诠释了非理性、无中心、不和谐的解构美学，创作了大量惊世骇俗的作品。具有代表性的有：美国俄亥俄州立大学维韦克斯那视觉艺术中心（埃森曼，1983）、美国俄亥俄州哥伦布市会议中心（埃森曼，1993）、美国明尼苏达州魏斯曼艺术博物馆（盖里，1993）、捷克布拉格跳舞的房子（盖里，1996）、西班牙古根海姆艺术博物馆（盖里，1997）、德国维特拉消防站（哈迪德，1997）、德国莱茵河畔威尔城园艺展览馆（哈迪德，1999）、英国伦敦格林威治千年穹隆上的头部环状带（哈迪德，1999）、法国斯特拉斯堡的电车站和停车场（哈迪德，2001）、英国曼彻斯特帝国战争博物馆（里伯斯金，2002）、美国华特·迪士尼音乐厅（盖里，2003）、辛辛那提的当代艺术中心（哈迪德，2003）、德国柏林犹太人博物馆（里伯斯金，2005）、德国宝马汽车公司客户接待中心（蓝天组，2011）、法兰克福欧洲中央银行大楼（蓝天组，2014）、法国巴黎路易威登基金会艺术中心（盖里，2014），等等。

　　尽管建筑概念不同于哲学概念，屈米认为："一个根本差异就是，建筑总是暗示着其概念的物质化，而这又带来了一个充满可能性的领域，进而使建筑实实在在地成为社会的一大根基。"[①]建筑界对于解构主义建筑思潮是否直接来源于解构主义哲学也尚存争议，但无可否认二者在观念和精神上高度契合的事实。解构主义建筑以形式为突破口诠释解构主义哲学的精神内涵，为当代建筑设计创新开拓了广阔空间。遍布世界各地的解构主义建筑以不拘一格的造型、肌理、质感、层次等表面形式和奇幻的视觉效果隐喻超越其外的文化世界，究其本质，是对人类精神深处的自由与民主的渴望，以及对人的"存在"的人道主义关怀。

---

　　①　上海当代艺术博物馆．伯纳德·屈米：建筑：概念与符号[M]．杭州：中国美术学院出版社，2016：27．

表 2-1　主要解构主义建筑师及其代表作

代表人物	设计风格和思想	代表作品	形态特点
弗兰克·盖里(Frank Owen Gehry, 美国建筑师, 1929—　)	盖里突破传统的建筑建造技术, 通过分解的几何体块重组、叠加、堆积的方式对建筑进行整体解构, 创造了极为抽象和变异的造型。主张形式脱离功能, 建筑形象具有强烈的雕塑感, 大胆地运用新型材料。善于综合应用自然光和艺术光, 注重光线对建筑所产生的影响	维特拉家居设计博物馆 (德国, 1988)	博物馆采用坡道和立方体的多功能混合结构, 建筑主要使用白石膏和钛锌合金材料, 整体造型抽象, 曲线张扬优美, 体量感强
		魏斯曼(Weisman)艺术博物馆 (美国, 1993)	建筑整体采用波浪起伏的不锈钢结构, 看似"波涛汹涌", 恰好与邻近的密西西比河形成呼应。由于特殊的表皮材质, 被人们称为"锡人"
		沃特·迪斯尼音乐厅 (美国, 2003)	音乐厅以奇特的不锈钢帆船造型出现在闹市, 分解的体块各不相同却又互相联系, 充分体现了解构主义的建筑特征

续表

代表人物	设计风格和思想	代表作品	形态特点
彼得·埃森曼（Peter Eisenman，美国建筑师，1932— ）	埃森曼因其碎片式的建筑语汇而被归为解构主义大师，他的作品大多简洁、明快，为建筑寻求一种释放。20 世纪 70 年代，他的系列作品《住宅 1 号》《住宅 2 号》和《住宅 3 号》已体现他的艺术信仰，即：功能只是形式的附庸	 俄亥俄州立大学韦克斯纳视觉艺术中心（美国，1989）	建筑元素被分解、打散，再进行重组，采用变异的网络结构，使得整个建筑空间层次更加丰富，同时获得良好的视觉效果
		 哥伦布会议中心（美国，1993）	建筑由多个相互依赖的单体形成独立的结构，不规则的几何体之间的拼接关系形成了独特的造型。从外立面到内部装饰都体现出了分离感和破碎感
伯纳德·屈米（Bernard Tschumi，瑞士设计师、建筑评论家，1944— ）	屈米著有《建筑索引》（2003）、《事件城市 2》（2000）、《事件城市》（1994）、《建筑与分离》（1975—1990 理论专著合集）、《曼哈顿手稿》（1981）等。他重新审视建筑的责任，注重建筑与文化的联系。通过重新组合序列、空间、文化氛围，创造空间与空间中的事物发生联系	 拉·维莱特公园（法国，1983）	公园整体运用点、线、面三种要素叠加设计，每个元素单独成一系统。点系统、线系统、面系统在公园设计中扮演着不一样的角色，看似毫无联系，却又彼此呼应
		 雅典（新）卫城博物馆（希腊，2009）	新馆由 100 多根混凝土柱子支撑，柱子上的建筑主体是由若干三角形和长方形组合而成的三层建筑，造型简洁而又不失设计感。光感、动感、层次感在建筑中得到实现

代表人物	设计风格和思想	代表作品	形态特点
丹尼尔·里伯斯金（Daniel Libeskind，波兰建筑师，1946— ）	里伯斯金认为建筑并非只关注形式，而应使建筑和当地环境相融合，注重文化在建筑中的体现	 曼彻斯特帝国战争博物馆（英国，2002）	博物馆由 3 个连锁的碎片集合组成，碎片之间相互冲撞、挤压，表达战争与冲突。金属的建筑表皮给人以强烈的视觉冲击，与环境形成鲜明对比
		 柏林犹太人博物馆（德国，2005）	多边、尖锐、曲折的造型使建筑仿佛一把锋利的匕首。反复连续的锐角曲折、幅宽被强制压缩的长方体建筑，象征着犹太人的惨痛历史。墙面上的折线利于采光，象征着历史的伤痕
扎哈·哈迪德（ZahaHadid，英国建筑师，1950—2016）	哈迪德的作品前卫大胆，运用空间之间的交融、贯通和几何结构之间的穿插碰撞，展现建筑的复杂性、矛盾性、时尚性和未来感。常使用地形拟态的手法将建筑与环境充分融合，创造出视觉冲击力极强的流体建筑	 维特拉消防站（德国，1993）	由简单几何形和斜线构成的建筑形似飞镖。倾斜、扭曲、穿插，造成自由、动感、紧张、不稳定的态势
		 辛辛那提当代艺术中心（美国，2003）	大小不一的长方体穿插、切割、组合，形成强烈的体块感，高低错落，不显沉闷。空间灵活，错层、跃层、挑空的手法被运用到建筑的内部，使空间变化丰富

续表

代表人物	设计风格和思想	代表作品	形态特点
雷姆·库哈斯(Rem Koolhaas,荷兰建筑师,1944—)	以当代大都市的代表纽约为研究对象,表达对密集性文化现实的反思。其思想受荷兰风格派及超现实主义的影响,善用体块组合的方式塑造建筑空间。"反文脉"观念是其重要主张之一	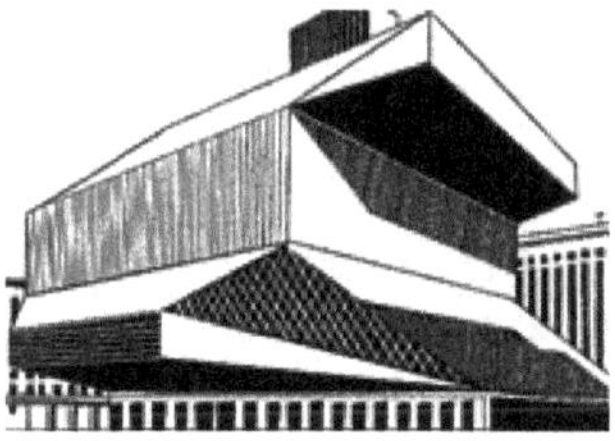 西雅图中央图书馆（美国,1999）	独特的造型形成若干分立"浮动平台",建筑底层对道路进行退让,形成虚空间,增添了空间的趣味性。内部的螺旋书库解决了交通问题
		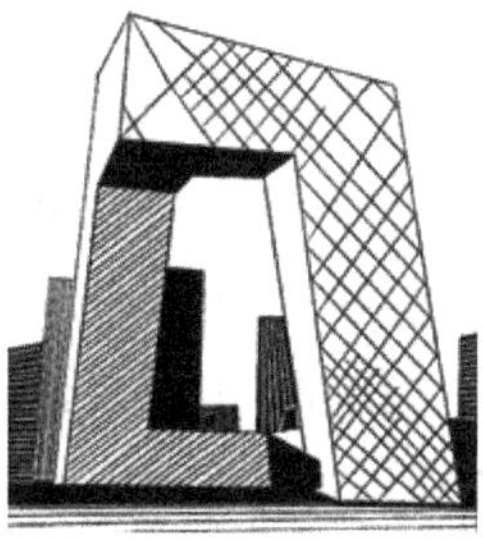 中央电视台新址大楼（北京,2002）	两座塔楼双向内倾斜6度,在163米以上由"L"形悬臂结构连为一体,底部的承重结构复杂,施工难度大。建筑表皮是由不规则图形的玻璃幕墙组成,形成良好的视觉效果

(二)埃森曼与德里达的对话

埃森曼是热衷于哲学思辨的先锋建筑师,他以解构主义哲学为思想基础开展了大量建筑学形式语言的理论和实验,比如将德里达哲学的"取消中心"和"文本的游戏"植入到建筑作品中,并因此备受争议。1963年,埃森曼在自己的博士论文《现代建筑的形式基础》(*The Formal Basis of Modern Architecture*)中批判性地回应了克里斯托弗·亚历山大(Christopher Alexander)在《形式合成性笔记》(*Notes on the Synthesis of Form*)中倡导的形式的集合论,主张释放形式的潜能,批判地继承现代主义建筑的形式基础。"克服建筑的存在性,推出一种永久性的、怎么看都是建筑的建筑,打破形式与功能之间所谓的必然联系，是我建筑设计中的重点。"①他质疑形式的稳定性，认为形式建立在语言学和制度的关系之上。他宣称："在过去400年来，建筑学的价值观一直是从同一个人文主义源泉中生发出来，今天它必须彻底改变。人类基本视野的变化起源于哲学的变化。"②其建筑作品是解构主义哲学的物化形态，体现出鲜明的零度美学甚至反美学立场。

1977年，埃森曼与德里达的对谈录《空间》出版。书中，德里达解读了空间中的空间（chora）不受物质形态空间的限制，其身份不断地被间隔化和延迟，使得差异持续地涌现，空间重新生成。即使空间中的一切事物都得到确认，但其场所自身无法被确认。一般意义上的建筑总是预设了一个"大厦""根基"和"框架"之类的概念明确、结构稳定的绝对中心，从而一切意义由中心生成。德里达将这个具有权威性的"中心"视为可怕的深渊，意欲用建筑语言中的比喻"解构"或者"消解"固定的结构，使建筑的各种物质空间自由地会聚与分散，而其中具有游离于形而上学语言之外的距离感和神秘性。如果将建筑视作一个文本，观众在以游戏性的方式阅读的过程中直接地干预了意义的生成。

埃森曼用"对建筑常规的逃亡"来描述德里达的"空间"理念，还借用解构主义哲学中演变而来的"非建筑"（non-architecture）、"之间"（the between）、"反记忆"（anti-memory）、"挖掘"（excavation）、"比喻表达"（figuration）、"消解模仿"（dis-simulation）等概念和哲学语言进行建筑内部结构的探索。他认为解构主义建筑代表的是一种新型的思维方式，而并非一种新的风格。在早期实验中，他用抽象语言元素创作了一系列"卡板纸住宅"建筑，而后开始研究建筑图像与复杂"场域"之间的关系图解，以及城市和建筑环境的自组织能力。再后来，用数字化设计探究非笛卡儿几何学的复杂空间，其设计思想的演变贯穿了对传统中人本主义及现代功能美学的反抗精神。他突破传统的设计过程，强调作品的自主能动性。采用"编造""解图""解论""虚构基地""编构"等手法在建筑中表现"无""不在""不在的在"等观念。结合语言学中的深层结构、语法规则和构成手法，他从逻辑上在意象没有预先设定的前提下采用一种强制性的规则和程序，通过过程的积累实现一种独特的建筑语言的生成和转化。建筑元素经过碰撞、交叉和叠置形成某种无序形态，并不过分夸张、凌乱、残缺或奇特，而是在线性发展中生成的内部逻辑结构，具有自治性、多义化、模糊化的特点。他诠释了一种"非美之美"的零度美学，其中一切正统的设计原则或美学观念被消解了。

由于建筑现象的复杂，确切表达解构主义建筑的含义是十分困难的。众多被视解构

①　大师系列丛书编辑部. 彼得·埃森曼的作品与思想[M]. 北京：中国电力出版社，2006：1.
②　尹国均. 建筑事件，解构6人[M]. 重庆：西南师范大学出版社，2008：269.

主义的作品与解构主义理论之间并无直接联系。在理论研究中，解构主义建筑指的是解构主义理论在建筑创作中的反映。德里达与埃森曼的对话和思想碰撞表明，解构主义建筑不仅是西方社会文化的表象系统，而且是解构主义哲学思想的传达媒介，在精神层面上是高度契合的。当代所有的思想意识及文化现象之间都有触类旁通的共同性。詹克斯曾用非古典(not-classical)、否构图(de-composition)、无中心(de-centring)、反连续(discontinuity)来总结埃森曼的解构主义思想。他从文本语言和形式建造两个层面构建了当代建筑学的"知识话语"，为创造多样化的建筑世界开辟了创新的道路。

三、数字景观的兴起

数字技术的发展是景观形态变革的根本动因。从 20 世纪 80 年代开始，人们对工业设施的价值、文化性、历史性和生态性进行反思，后工业景观逐渐兴起。三维建模软件、VR 技术、裸眼 3D 技术、激光数字媒体、LED 节能灯光等数字景观建筑和艺术小品异彩纷呈，以互联网和移动通信为代表的数字媒体在景观建模、环境模拟、虚拟现实、数字交互、景观可视化等领域为设计师提供了极大的技术支持，不仅使要素分析、过程优化、成果输出、景观评价与后期管理等设计工作流程实现了无纸化，而且为探索多维、流体、奇异的景观空间结构提供了高效的数字化设计平台。便捷的信息获取渠道、智能的数字软件平台、精准的环境数据模型和先进的施工管控技术，使设计成果更加科学、高效、精准和智能。"数字制造是一个创造性的过程，它跨越了学科禁飞区，广泛推进包括医药、制造、食品生产和建筑在内的行业革新。"①数字化对设计的形式主体形成了巨大的冲击，"混沌"和"流变"状态成为当下的整体设计语境。利用数字模拟和三维建模技术构建的虚拟仿真空间已成为当下设计的主流。

20 世纪 60 年代，伊凡·萨瑟兰(Ivan Sutherland)在麻省理工学院开展了计算机图形学研究，钻研可视化技术和飞行模拟软件，开发出包括景观可视化软件在内的众多产品。70 年代起，以哈佛大学为代表的各大高校及设计机构开始发展地理信息系统(GIS)，由卡尔·斯坦尼兹(Carl Steinitz)教授带领的团队将计算机辅助设计应用到景观规划和设计项目中，使地理信息系统不断发展壮大。美国森林服务系统开发了专门用于大面积景观和森林的可视化软件，并沿用至今。在计算机发展的初期，计算机不仅体积

---

① [英]坎农·艾弗斯.景观实录·数字化景观[M].李婵，张晨，等.沈阳：辽宁科学技术出版社，2016：116.

庞大，而且价格昂贵。至 80 年代，苹果机、Commodore 和 IBM 微型计算机的出现，使这种状况得以改变，计算机在小公司或个人群体中的普及，为计算机图形学的发展提供了新的契机。自 90 年代起，瑞士联邦理工学院的研究团队开始对场地进行可视化建模，通过数字技术动态模拟自然的演变更迭过程。德国安哈尔特大学（Anhalt University）每年举办以"数字景观"为主题的国际会议，力邀各国学者共同探讨研究的最新成果和未来的发展趋势。美国计算机协会（Association for Computing Machinery，ACM）组织的计算机图形专业组（Special Interest Group for Computer Graphics，SIGGRAPH）年会，以讲座、会谈、出版专刊等形式组织专家研讨计算机技术在科学、艺术等行业应用的研究成果和发展需求。其会员众多、影响广泛，被视为信息技术行业的重大事件，使其越来越多地介入各行各业，乃至人们的日常生活。

直至今日，景观要素的数字化建模和可视化技术日臻成熟，由计算机图形学发展而来的"数字景观"大规模兴起，但其概念尚未达成共识。我国同济大学刘颂教授认为，"'数字景观'是区别于传统的用纸质、图片或实物来表现景观的技术手段，是借助计算机技术，综合运用 GIS、遥感、遥测、多媒体技术、计算机网络技术、人工智能技术、虚拟现实技术、仿真技术和多传感技术等数字技术，对景观信息进行采集、监测、分析、模拟、创造、再现的过程和技术。"① 景观设计师运用 Arc GIS 进行前期环境资料搜集及数据分析，借助 Auto CAD 结合 SketchUp、3ds max 等三维可视化技术模拟真实景观环境、观察场地及周边状况、加深景观现象的认知、寻求景观演变的规律，综合应用抽象逻辑思维与具象形象思维进行思考，还可应用参数化设计创造丰富多变的有机形态，以激发新的灵感和创造力。结构主义语言学向图像学转移，为当代数字设计带来了新的契机，虚拟现实技术、地理信息系统及参数化设计等新兴的科技手段已成为当今先锋设计师强有力的实验工具。

（一）虚拟现实技术——对虚拟世界的情境展现

20 世纪 60 年代，虚拟现实技术（virtual reality，VR）作为一种智能型景观模拟可视化技术发展突飞猛进，是计算机三维软件、智能图像处理、数字媒体影像、电子化网络、人工智能及并行处理技术等众多数字信息技术的结晶。它依托电子技术手段构建一

---

① 成玉宁，杨锐．数字景观——中国首届数字景观国际论坛［M］．南京：东南大学出版社，2013：71.

个近似于真实环境的开放、互动的虚拟环境,使人(观察者)拥有身临其境的沉浸式体验。荷兰海牙市立博物馆(Gemeente Museum)采用虚拟现实技术模拟城市空间,参观者通过身势语与虚拟空间的人进行交流互动。虚拟现实空间不仅剥离了传统物质空间的功能和社会属性,而且剥离了味觉、嗅觉、触觉等人在真实空间中的身体体验,是纯粹视觉意义上的空间环境。传统的景观空间研究法需要多次实地调研和采集大量环境数据,进而运用观察、分类、问卷、分析等方式加以人工信息处理,常耗费大量的时间和人力成本,且研究结果缺乏量化的数据支撑。虚拟现实技术在景观领域的应用则弥补了这一不足,其优势在于依托大量的数字信息构建虚拟数字模拟环境,不仅使信息量化的程度大为提高、准确性更加可靠,而且研究成果具有更高的参考和使用价值。2002 年,麻省理工媒介实验室(MIT Media Lab)研发出"照亮的黏土"系统,在景观建模、三维可视化及实时计算分析的交互反馈方面取得突破。设计师通过人机交互界面自由地分析或调整景观模型的空间形态,用手工制作黏土模型,顶置式激光扫描仪实时捕捉景观模型形体的变化。获取的模型图像被输入景观分析库,被用来计算阴影面积、土地侵蚀状况等。其分析的数据再投影到工作空间,并对模型表面产生作用。这一系统初步实现了人、实体模型与虚拟模型之间的交互。

图 2-6　荷兰 Gemeente 博物馆虚拟现实技术展示　　　图 2-7　照亮的黏土

尽管如此,虚拟环境与现实环境之间仍存在着一些难以逾越的鸿沟。譬如,现实环境中自然要素的属性基于特定的关系而被其他要素限制和约束,通过景观环境建模的方式对自然界这一复杂系统的状态进行真实模拟仍存在一定的技术局限，亟待用于管理详细程度（LOD）的、自动化的、缺省配置驱动以及景观动态视觉模型的技术创新。这些弊端将随着技术的革新不断地得到修正和弥补，虚拟现实技术与3S（GIS、RS、GPS）技术的结合，以及与实际调研数据的综合应用，将提高设计结果的科学性和可行性，成为未来景观规划设计中不可或缺的重要环节。

（二）地理信息系统——对客观世界的分析模拟

地理信息系统技术（geographical information system，GIS）源于20世纪60年代末，是集计算机科学、地理学、测绘学、空间和管理科学等于一体的新兴学科，是对客观物质世界的一种全方位模拟系统，在景观信息存储管理、数据处理及空间分析方面为景观设计实践提供了可靠的依据。GIS系统将海量图形数据、属性数据、影像数据和高程模型数据和多种格式的数据整合在一个模型数据库中并提供多种数据结构，为分析模型内部复杂的相互关系提供算法支持。在由卫星影像、航测、GPS定位数据、激光扫描、摄影测量等多种途径建立的数据库中，可以设定某种规则对景观要素进行统计、编辑、提取和输出。应用数字高程模型（DEM）的三维建模方法直接体现景观环境的外表特征及多重属性，与其他格式的数字模型在同一系统中呈现地面景观的视觉特征。例如，香港理工大学的研究团队运用GIS技术对城市街道的坡度、坡向、风速、日照等景观要素进行叠图分析，在高密度的产地环境中对建设适宜性、生态缓冲区、环境拓扑、道路可达性、节点及视线、用地敏感度进行科学的分析和定量研究，为城市规划建设提供了有力的依据。随着近年来Skyline、Google Earth等三维GIS技术的出现，便于设计师获取智

图2-8 运用GIS技术整合香港城市街道模型数据库

能的遥感航测影像数据、精确的高程矢量数据以及建立三维地理信息模型系统，减少了设计中的误差及施工过程中的人力消耗。Arc GIS 是地理信息系统系列软件的总称，目前在景观领域的应用十分普遍。前期主要用于基础地理数据搜集和分析，包括土地利用分析、用地适宜性分析、建筑及构筑物选址评价等；中期主要通过 3D Analysis 和 Spatial Analyst 模块进行景观空间分析、影响因子叠加分析和数据统计分析，包括土方量计算、坡度及坡向、视线及视域、生态敏感度等；后期则主要用于虚拟现实场景景观漫游和视频展示输出等。

（三）参数化生成——对复杂环境的综合评估

参数化设计（parametric design）思想在西方国家由来已久，最初始于建筑领域的结构测试中。其设计流程是将影响设计的各方面因素置入计算机系统，使之数据化成为参（变）量。通过制定一种算法或规则自动生成参数模型，将数字化后的参变量转换为图像，由此得到设计的初步成果。其特点是混沌、非线性和不规则性，形态的生成过程是由内及外，在不断演化的过程中自然涌现生发而成。《设计结合自然》（*Design With Nature*，1969）中，伊恩·麦克哈格（Ian Lennox McHarg）提及的矢量叠图的分析法与参数化设计的操作方式极为相似，但是在复杂的景观生态系统面前，他将问题过于简单化处理了。"后福特主义"提倡用参数化设计处理复杂曲面及分形要素，使形态涌现生成和自组织，使产品具备适应性、差异性、复杂性、可塑性、多样性和个性特征。参数化设计以三维数字信息模型为基础，图元的变化所生成的不规则建筑体往往具有自由性、偶然性、流动性的外表，可以令观赏者产生非比寻常的视觉认知和体验。

北京望京SOHO

北京银河SOHO

上海凌空SOHO

图 2-9　哈迪德作品

肇始于 20 世纪 60 年代的复杂性科学是参数化设计的理论根源，其影响几乎波及所有人文及自然科学领域。部分建筑师开始尝试将复杂性科学中的分形理论（fractal theory）、混沌理论（chaotic theory）、自组织理论（self-organizing theory）、涌现理论（emergency theory）应用于建筑设计领域。技术进步为复杂性科学在建筑领域的实践探索提供了强大的物质保障，20 世纪 80 年代出现的"一体化设计"（building information modeling，简称 BIM）是参数化设计的雏形，力保建筑在整个生命周期内的科学性与合理性。如今，参数化设计已发展为一种行之有效的研究方法，是对复杂性环境的系统化研究。自 20 世纪 90 年代中期以来，KPF、UN Studio、BIG、SOM、MASS、MVRDV、NOX、哈迪德及哈格里夫斯等事务所，开展了大量数字建筑及景观设计探索。最具代表性的当属哈迪德创作的众多极尽炫酷的流体型建筑，极大地颠覆了人们对传统建筑形态的认知。她通过预设参数条件，借助计算机任意生成复杂曲线和曲面造型，塑造非正交、非笛卡儿体系的形式和空间将奇思妙想转化为"虚拟的现实"（virtual reality）。此外，

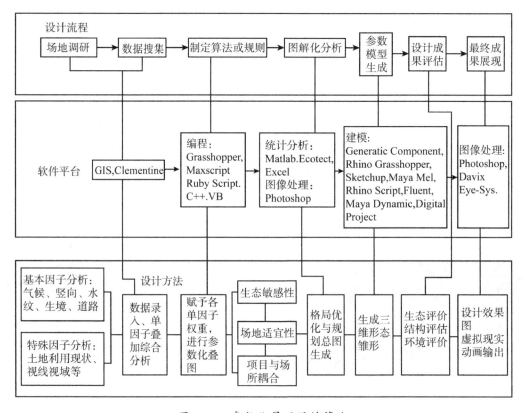

图 2-10　参数化景观设计策略

她还借助参数化设计开展记录、搜集和整合环境信息，并进行展开、折叠、平移、切入、减速和加速等运算处理，在综合分析数据的基础上优选方案，使设计成果更加科学和精确。其合伙人帕特里克·舒马赫（Patrik Schumacher）2009 年提出"参数化主义"（parametricism）的概念。在他看来，参数化设计的项目实践应尽可能避免使用圆形、正方形、三角形等简单几何图形的重复或并置，不断地在系统的差异性渐变中塑造相互关联的有机形态。他常用参数化设计方法调控环境的基本要素，使之在繁殖过程中发生变异并形成差异和连续的共同体，以诠释"参数化主义"的基本理念。著名的 UN Studio 事务所也善于运用参数化设计生成建筑的连贯空间和逻辑结构，综合评估建筑的功能、建造、环境、时代性等方面的综合因素，最终形成一个有机的物质实体。同时，他们也将这种方法应用到景观设计中，其设计项目遍布世界各地，尤其在亚太地区获得了巨大的成功。在这些先锋设计师的努力下，伦敦滑铁卢火车站（Waterloo Station）、巴塞罗那圣家族教堂（Sagrada Familia）等参数化建筑，运用复杂的布尔运算和曲面交集计算，创造了令人惊叹的流动风景。波特兰纳斯普林斯公园（Tanner Springs Park）、纽约高线城市公园（High Line Park）、德国北杜伊斯堡风景园（Duisburg NordLandschafts park）、2012 伦敦奥运公园（Olympic Park，London）、2017 阿斯塔纳世博会公园（Astana Expo 2017）、加利福尼亚州马蹄湾景观（Horseshoe Cove，Califonia）等景观作品以参数化为媒介，创造出大量传统设计方法难以企及的双曲线、多层次、流动性的立体景观形态。

图 2-11　波特兰坦纳斯普林斯公园

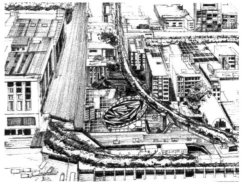

图 2-12　纽约高线公园

图 2-13　德国北杜伊斯堡风景园

图 2-14　2012 伦敦奥运公园

图 2-15　2017 年阿斯塔纳世博会

图 2-16　加利福尼亚州马蹄湾景观

与此同时，英国 AA 建筑联盟学院（Architectural Association School of Architecture）、美国哈佛大学设计学院（Harvard University Graduate School of Design）、荷兰代尔夫特理工大学（Delft University of Technology）、美国的哥伦比亚大学（Columbia University）等高校开始将参数化设计应用到城市设计、建筑、景观及工业设计、产品设计及服装设计领域，尤其是建筑信息模型（building information modeling，BIM）在建筑设计领域的应用不断普及。工作室导师引领学生对参数进行把控，使不同形状的母题在网格中运动、复制、交错、变异形成新的秩序，从而颠覆传统设计的工作流程与约束性过程，催生了众多复杂、多维的新型城市空间形态，使各种天马行空的设计理想转化为现实。然而，相对建筑而言，参数化设计在景观领域的应用略显滞后，目前大多局限于小尺度的景观规划及公共艺术项目中。随着参数化介入景观设计的程度越来越深入，传统的景观类型正在逐步消亡，多元复合、动态智能的景观空间正在大量涌现。人们在做参数化设计时，用数字化模拟的方式对复杂的景观生态系统各要素之间错综复杂的多元关系进行多方位研究，尽其所能地接近自然界中的生态格局和过程，为景观设计的科学性和合理性提供坚实的依据。

(四)3D打印技术——对数据模型的分析展示

3D打印技术，又称"增材制造"（additive manufacture）技术，是一次以智能化为特征的、具有重大意义的工业革命。它源于19世纪末，20世纪80年代在模具加工行业得以发展，我国称之为"快速成型"（rapid prototyping，RP）技术。1986年，查尔斯·胡尔（Charles W. Hull）成立了3D System公司，研发了STL文件格式，并于1988年推出了基于SLA技术的商用3D打印机SLA-250。这台体积庞大的立体平板印刷机标志着3D打印的起步。此后，它作为一种快速成型技术，在工业设计、产品设计、模具制造、珠宝设计等领域得以应用。与传统机械制造的方式不同，3D打印以3DMax、Maya、Rhino、Revit等计算机三维软件建立的数字模型文件为蓝本，由计算机数字控制和软件分层离散，将粉末状金属或塑料等可黏合的材料采用逐层累加打印的方式来构成三维实体，并通过后期打磨对物体形态加以修正。3D打印过程中既不需要庞大的机床和复杂的设备，也不需要大量的人力和繁琐的工序，最大限度地减少了生产制造的中间环节。它颠覆了传统的生产和生活方式，为创意设计领域带来了新的契机。设计师可以通过3D扫描技术对实物进行扫描，也可直接用三维建模软件创建一个数字模型，然后通过3D打印机将所需的物品快速打印成型。美国的3D打印技术居于世界领先地位，Stratasys和3D Systems公司率先申请了原始专利，并将这一新兴技术应用于生物打印，如皮肤、骨骼、器官、软组织和神经元打印等。2014年，美国人将人类第一台3D打印机带入太空进行实验，在完全失重的情况下测试打印过程。目前，这一技术与物联网、大数据、人工智能等新兴技术相结合，已被广泛应用到建筑沙盘、景观要素、城市雕塑、汽车制造、航空航天、医疗器械等领域，塑料、尼龙、金属、陶瓷、碳材等材料逐渐普及应用，极大地提高了设计师的工作效率。

2014年7月，在荷兰海牙举行的城市雕塑艺术展中，艺术家们运用3D打印技术带来了一场异彩纷呈的视觉盛宴。其中一件作品将2006年足球世界杯上齐内丁·齐达内（Zinedine Zidane）顶马尔科·马特拉齐（Marco Materazzi）的历史瞬间[①]展现了出来。艺术

---

① 2006年法国队和意大利队在进行终极对决时，马特拉齐由于辱骂齐达内的姐姐，导致齐达内情绪失控，用头顶了马特拉齐一下，齐达内也因此被红牌罚下场，这一事件在全世界引起了轩然大波。

家以此为原型，将不同视角拍摄的照片上传到网站服务器，从而获得 3D 数字模型，并用金属材料打印。令人惊叹的是，该作品达 3 米多高，且造型生动、细节精致，体现出 3D 技术发展的极高水平。在另一件作品中，艺术家运用熔融沉积造型技术（fused deposition modeling，FDM），对头部的三维数字模型进行分层切片，启动 3D 打印后，将 ABS 树脂材料传送到打印头内部并加热到熔融流体状态，通过软件控制喷嘴沿数字模型的二位切片几何轨迹运动并挤出材料，材料经平板层冷却形成实体后再进行打磨处理。艺术家刻意打印了 8 层镂空的树脂板材，并在每层之间预留了一定的空隙。这一过程不仅向人们讲述了 3D 打印的成型过程，而且使作品更富想象力。此外，将日常用品的尺度放大也是当代艺术家惯用的手法之一。艺术家采用选择性激光烧结技术（selective laster sintering），用塑料粉打印的放大版桌椅也成为展览中的一道风景。

图 2-17　荷兰海牙 3D 打印的城市雕塑（2014）

在建筑设计领域，3D 打印技术常用于打印微缩 3D 模型，以便于设计师进行力学试验和结构推敲。工程师常用 Catia、Siemens NX、PTC Creo、Autodesk Inventor、

Solidworks 等软件进行建模，将搜集到的场地数据传输到三维打印机或雕刻机，以提升环境模拟的精度。设计师或艺术家更常用 3DS Max、Maya、Rhino、Zbrush、Freeform 等软件进行创作。3D 打印技术改变了人们的生产和生活方式，激发了社会多样化的发展需求。

本 章 小 结

景观形态作为一种物态表征和叙事载体，其中潜藏着某种深层结构，在与主体的互动中生成意义。因此，对景观形态的研究不能流于表面，而必须将其置入特定的语境中。解构主义语境是当代全球化和信息化社会形态变迁、解构主义哲学的传播和影响，以及设计形态变异的时代背景下的一种历时的文化模式，解构主义哲学思潮正是对这种文化模式形而上学层面的极佳诠释。作为主体的人和作为客体的景观在互动模式中产生的文化形态被打上了解构主义时代的烙印。因而，从当代解构主义的社会语境中审视当代景观形态的解构语言及其语义，才能发掘景观存在的本质。同时，当代景观用分裂的、错位的、含混的、破碎的语言言说着当代整体性文化意识，数字化技术的发展必将引导着当代景观指向更深层次的当代文化精神。

第三章

当代景观形态的解构语言

景观与语言在极大程度上具有互文性，可被看做一个充满象征、指涉和参照的语言符号系统。斯派恩教授曾言："景观是所有生物的母语，具有语言的所有特征。"①但不同的是，景观符号需要满足使用的功能要求，是材料和技术构成的物质实体。景观文本是以景观语言为要素、符号为核心，与景观所在地的文化背景、风土人情、历史传统乃至现实生活紧密结合而形成的一套完备的知识体系。

语言学中，基本语汇和语法规则是语言的核心部分。语汇是语言学的基本构成要素，用于表达社会生活中基本事物的内容和基本概念，语法规则是这些语汇的组合方式。其中语汇、语法、语义等基本概念，可以相对应地类比为以形态为载体的景观语言。语汇，即景观要素，包括地形、岩石、水体、构筑物、植物、铺装等物质要素，也包括几何形、直线、曲线等抽象要素；语法，是景观在三维空间中的结构形式；语义，则是经过语言形式所传达的意义。本章运用语言学的概念和方法，探究解构主义语境与景观语言、语义以及景观文本阅读中主体体验之间的关系，以构建景观形态语言结构的框架系统。

---

① Anne Whiston Spirn. The Languageof Landscape[M]. Yale University Press, 1998：15.

第一节 景观设计语言的嬗变

封闭式庭院历经发展形成开放式花园，人类的景观营造理念、方法和手段都在不断变化，与此相应的景观形态也在不断地更迭。工业社会到来之前，西方景观形态大多数具有强烈的轴线"对称"特征，而东方则崇尚"自然美学"。工业社会之后，多数现代景观呈现出欧几里得式几何结构的"均衡"形态，具有矩形、圆形、三角形等基本几何形状的某些性质。在当代景观变化的过程中，部分先锋探索则走向了非欧几何解构形态，多样性、开放性、流变性和自组织状态逐渐成为景观形态的主流。

一、传统景观美学溯源

追溯至古典时期，西方景观受到"逻各斯中心主义"的长期影响，在设计中追求"本源"和"先在性"，其任何根本原则或中心所指向的都是不变的"在场"。在西方传统景观美学中，以柏拉图、亚里士多德、勒内·笛卡儿（René Descartes）、戈特弗里德·威廉·莱布尼茨（Gottfried Wilhelm Leibniz）为代表的唯理论派认为认识来源于天赋观念、知识必须以理性为基础；以弗朗西斯·培根（Francis Bacon）、托马斯·霍布斯（Thomas Hobbes）、约翰·洛克（John Locke）为主的经验论派则推崇认识来源于感觉经验，在经验的基础之上构建知识。在美学的进化史中，自然美学被视为人类美学史的源头。西方国家自前苏格拉底时代起，就在不断探索自然界中隐藏的美学逻辑，并用"比例""数理""对称"等专业术语来诠释美的自然规律，自上而下地探寻包括人在内的客观世界同一性的基础。在西方古典哲学中，古希腊毕达哥拉斯学派（Pythagoras）所倡导的"数理关系"即表现自然物质的和谐之美，强调利用自然科学的方法探索美的规律，标志着自然美学思想的滥觞。柏拉图的"理式论"对现象学、存在主义、逻辑实证主义先验哲学和结构主义哲学都产生了较为深远的影响。受毕达哥拉斯学派的影响，他认为任何事物在形而上学层面都存在一个"理式"（Forms），"美"的本质是数理关系的和谐，它可以被思维的理性活动所触及。他从形式的精神观念和感性形式层次来阐释以自然为中心的哲学世界观。亚里士多德在此基础上指出形式是美或艺术的本质规定和存在方式，美的形式是秩序、均衡和明确，并从一元论的视角强调了"质料"（潜能）与"形式"（现实）统一。

表3-1 西方景观发展的三时段论①

社会时段及其特点	服务对象	形态特征及价值取向	代表人物	代表作
农业时代（小农经济）	以帝王为首的少数贵族阶层	"唯理论"强调"艺术模仿自然"。在数理关系的逻辑基础上，规则式园林追求绝对对称、秩序严谨、比例协调、结构完整的和谐之美；"经验论"将经验作为检验知识的基本标准，强调人的直觉体验	法国的勒·诺特尔（Le·Nôtre）、英国的兰斯洛特·布朗（Lancelot Brown）等	 法国的诺特尔式宫苑  英国的布朗式风景园
工业时代（社会化大生产）	以工人阶级为主体的广大城市居民	推崇"人类中心主义"思想，抽象的几何形式以"均衡"为美，具有强烈的形式主义特征	美国景观规划设计师奥姆斯特德（Frederick Law Olmsted）等	 纽约中央公园  波士顿的蓝宝石项链

---

① 参考：沈洁，王向荣. 风景园林价值观之思辨[J]. 中国园林，2005(6).

续表

社会时段及其特点	服务对象	形态特征及价值取向	代表人物	代表作
后工业时代（信息技术革命与全球经济一体化）	人类及其他物种	景观形态丰富而多元，具有流变性、不确定性和自组织性。强调生态可持续发展，转向环境美学和生态美学	英国景观规划师伊恩麦克哈格（Ian Lennox Mc Harg）、德国景观设计师彼得·拉兹（Peter Latz）等	美国东海岸及欧洲的一些景观生态规划，如华盛顿西雅图煤气厂公园

古罗马诗人贺拉斯（Quintus Horatius Flaccus）主张"合理"与"合式"的美，艺术的二元论由此诞生。唯心主义哲学家普洛丁（Plotinus）继承了柏拉图的"理式论"，开创了"新柏拉图主义"（Neo-Platonism）哲学，将不同的美逐次递进排列等级序列：感觉美、事业美、行为美、学问美、道德美、理性美……并将真、善和美等同起来。虽然这一观点有失偏颇，但同时肯定了艺术家在赋予艺术作品美学价值过程中的主观能动性，这对后来西方园林景观的发展有重要的启示。文艺复兴时期，许多哲学家提出了与柏拉图相似的观点，如马西留斯·费奇诺（Marcilio Ficino）分析了排列、比例和装饰对于协调美的作用；阿尔伯蒂（L. B. Leon Battista Alberti）在《建筑十书》（*Ten Books*）中提出造园法则和建筑法则异曲同工，需要建立在一套比率和原则基础上。启蒙运动时期，"形式"转变为美学中的独立范畴，伊曼努尔·康德①（Immanuel Kant）认为主体决定"形式"，他称之为"先验形式"。黑格尔批判地继承了康德的观点并发展了二元论思想，提出艺术的客观精神（内容）和观念形态（形式），使古典美学的研究达到了巅峰。19世纪末，约翰·沃尔夫冈·冯·歌德（Johann Wolfgang von Goethe）的浪漫主义文学、亚瑟·叔本华（Arthur Schopenhauer）和尼采（Friedrich Wilhelm Nietzsche）的唯意志主义美学崇尚自我表现、形式至上和非理性主义，并且由此开启了古典主义美学向现代美学的转化历程。

---

① 德国古典哲学鼻祖，唯心主义美学奠基人。他的知识学、美学及伦理学思想对西方哲学影响重大，其著作《纯粹理性批判》标志着西方近代哲学的开端，研究的主体开始由本体论向认识论转换。

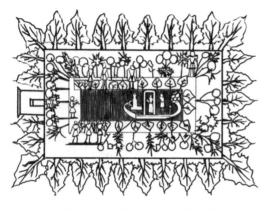

图 3-1 古埃及园林派科马拉

追溯西方景观形态演变的历史，欧美园林属于同一个文化系统，美洲园林由欧洲园林演变发展而来。早期的景观类型以圣林、园圃、场圃和乐园为主。文艺复兴以前，古埃及、古希腊和古罗马的园林形态都是形态规则的几何式园林。在布局上，以水池为中心，沿中轴线布置，四周环以柱廊式建筑。古埃及园林是沿几何式道路展开的，农业生产孕育了较为原始的矩形形态；古希腊园林开始出现在住宅庭院或神庙旁的公共活动空间中，环绕着柱廊的水池、雕塑、花卉、植物等造景元素逐渐丰富起来。

古罗马时期出现了规模较大的台地式园林，水池、喷泉、雕塑、栏杆及常绿植物依山而建，构成了组团式相对独立、形态规则的庭院。

中世纪时期，除了西班牙受到伊斯兰园林文化的影响兴建了部分伊斯兰风格园林外，欧洲大规模的园林营建活动基本停滞。直到 15 世纪，伴随着文艺复兴运动的兴起，欧洲园林才得以迅速发展。

文艺复兴时期的社会意识形态由崇尚"神的意志"转变为"人是世界的主宰"，因此，景观的尺度开始以人为主导，园林形态由中世纪的几何庭院演变而来，以圆形、方形、三角形等规整的基本几何形构成以轴线为中心的对称和比例关系。意大利文艺复兴园林、法国古典主义园林和英国自然风景式园林是西方文艺复兴以来最具代表性的三种园林风格。

意大利文艺复兴园林多为几何形态，中轴线两侧由花坛、水池、雕塑、植被、栏杆、石阶及建筑构成了绿树成荫、尺度宜人的坡地露台花园，饱含着当时人们对古典文明的景仰和对现实生活的赞美。波波利花园（Boboli Gardens）、美第奇别墅园（Villa Medici）、兰特庄园（Villa Lante）、德·艾斯特庄园（Villa d'Este）和法尔尼斯庄园（Palazzina Faroese）是意大利文艺复兴时期园林设计的典范。这种人工化的几何规则的图案式花园体现了当时人们对自然的认识以及对人文精神和客观法则的崇尚。16 世纪中叶以后，追求戏剧化和新颖性的手法主义园林诞生，夸张的尺度和形式使几何规则形态被部分打破，却未挣脱严谨的数理关系的樊篱。

17世纪，在法国路易十四的领导下，法国古典主义园林风格进入繁盛期。由勒·诺特尔（Andre le Notre）开创的造园样式沿袭了意大利文艺复兴庄园强烈的中轴对称和直线透视布局方法，花草树木被修剪得十分规整，以形成秩序严谨的几何图案，强调极度君权统治的等级和秩序。他设计的以超大尺度和动态水景著称的沃·勒·维贡特庄园（Vauxle Vicomte Castle）和凡尔赛宫（Palace of Versailles）即是这一风格的典型代表，是以笛卡儿古典主义哲学为基础，崇尚等级、秩序和理性的规则式园林，体现出理性至上的审美追求，也从侧面反映了当时法国以人的意志为转移的社会状况。部分皇家庭园、贵族私家庭园和君主庭园开始对外开放，比较典型的是英国海德公园（Hyde Park）、圣詹姆斯

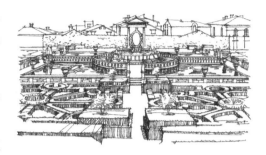

图 3-2　兰特庄园（Villa Lante）

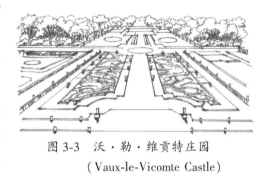

图 3-3　沃·勒·维贡特庄园
（Vaux-le-Vicomte Castle）

公园（St. James' Park）等，但它们仍为统治阶级所独享。这一时期，东方的园林中喷泉、跌水、台阶等造景要素则极为少见，这是由于东西方不同的社会制度、生产方式和审美诉求所致。农业文明时代，欧洲以水力机械为动力的农业生产方式和东方以水利灌溉为主的人力劳动方式存在着显著差异，因此决定了生产方式和审美经验的差异性，形成了东西方截然不同的景观形态。

18世纪，以弗朗西斯·培根（Francis Bacon）、托马斯·霍布斯（Thomas Hobbes）、约翰·洛克（John Locke）提倡的经验主义理论和方法和浪漫主义思潮催生了著名的英国自然风景园。对于直线和圆形哪种形式更接近于美的本质这一问题，英国自然主义流派尖锐地批判了勒·诺特设计的沃子爵城堡，认为这种单向线性思维方式指导下的形式主义景观毫无美感可言，忽略了景观形态表征背后复杂的社会属性。经验主义认为人的本性中具有对美学体验的普遍原则，但由于经验、偏见等诸多因素导致了对美的判断和思考的差异。英国画家威廉·贺加斯（William Hogarth）在《美的分析》（*The Analysis of Beauty*）一书中肯定了线条美的适度、变化、一致、朴素、复杂和大小的适度状态对于视觉美的塑造作用，作为一种折衷的形式主义理论对当时的景观美学思想有一定的影

响。政治家埃德蒙·伯克(Edmund Burke)在《崇高与美感理念的哲学探源》(*A Philosophical Enquiry into the Origin of Our Ideas of the Sublime and Beautiful*)一书中指出,"情绪"作为美学体验的逻辑可以成为美学批评的基础,显示出鲜明的经验主义立场。鲁德亚德·吉普林(Rudyard Kipling)、乌维达尔·普莱斯(Uvedale Price)和理查德·佩恩·奈特(Richard Payne Knight)的美学理论认为超出绘画或风景本身存在另一个美学范畴,即"画意",它是介于美感和崇高之间的某种特征。英国人从风景画、田园文学和自然风景体验中得到启发,将对自然的想象力贯穿于自然风景式园林之中,自然风景园正体现了对自然加以推崇、模仿和修正的审美取向。从威廉·肯特(William Kent)和其弟子兰斯洛特·布朗(Lancelot Brown)设计的斯道园(Stowe)、布伦海姆风景园(Blenheim Palace)等作品中可看出,彼时英国自然风景园的轴线消失,取而代之的是叠石、假山、拱桥、湖岸、丛林和草地等自然元素构成的曲线风景。值得一提的是,崇尚中国园林的威廉·钱伯斯(William Chambers)反对布朗式过于单调的形态,他建造的伦敦丘园(Kew Gardens)中的中国塔结合中国园林的造园手法,创建了新型的绘画式园林。随后,大量的欧洲设计师效仿英国的中式园林而兴建了德国的纽芬堡(Nymphenburg)和慕斯考(Muskau)等大量自然式风景园林作品。

图 3-4　布伦海姆风景园(Blenheim Palace)　　图 3-5　慕尼黑"英国园"(Englischer Garten)

　　1804 年,德国设计师斯开尔(Friedrich Ludwig von Sckell)设计了欧洲大陆最早的公园——慕尼黑"英国园"(Englischer Garten)。1847 年,最早的现代公园——伯肯黑德公园(Birkenhead)在英国出现,城市公园的雏形初现。为了应对城市人口膨胀和环境恶化等一系列棘手问题,美国设计建造了大量城市公园。弗雷德里克·劳·奥姆斯特德(Frederick Law Olmsted)1854 年在纽约兴建的中央公园引起了世界各地的广泛关注。19

世纪的园林在继承传统风景园林风格的同时，几何式园林也得以重现，但总体来说，园林形式并无较大突破。

简而言之，16 世纪至 19 世纪，西方景观大多具有强烈的中轴对称特征，且以规则几何的古典主义园林形态为代表，是根源于空间和时间维度上的理性思维模式和审美理想。这种审美追求是西方古典时期极端理性化的哲学的真实写照，是在"自然"本体论的基础上建立起来的，以统一、比例、均衡、和谐、整齐为美学取向。欧式几何体系是西方古典美学的思想根源，以点、线、面、直角、圆形、矩形、三角形等简单的形状构成的清晰、简洁、单纯的几何体彰显出古典时期的理性精神，从而达到超脱自我的、质朴而圆满的美学境界。尽管浪漫的自然风景园的营造者认为自然是可以修正和改善的，他们追求自然界的偶然与变化，但这一切仍是在理性精神主导下，从永恒的理式美之中寻求一个理想化的自然。

二、现代景观形态的结构语言

自 20 世纪以来，西方现代景观美学理论逐渐转向以审美主体的景观体验为基础来探求人类的审美偏爱。70 年代，地理学家杰伊·阿普尔顿（Jay Appleton）提出"瞭望-庇护"理论（Prospect and Refuge Theory），用生存进化规律来解释人对景观的审美体验；英国景观设计先驱杰弗里·杰利科（Geoffrey Jellicoe）提出"穿越时空的宇宙运动"的设计概念；澳大利亚地理学家史蒂芬·布拉萨（Stephen Bourassa）认为自然规律、文化习惯和个人策略是影响人类审美经验的三个层面。现代主义设计的形式观念是由笛卡儿的空间坐标体系与柏拉图的理想主义和欧几里得几何学结合而成的。始于包豪斯的三大构成课程体系，从本质上而言，是对圆形、方形、三角形、立方体等纯粹几何形体的抽象化表达。同时，西方现代园林的设计思想与风格受到立体主义、超现实主义、风格派、构成主义等现代艺术流派的深刻影响，为景观设计师提供了可借鉴的设计观念与形态语言。

现代城市公园的出现是现代景观产生的重要标志。1847 年利物浦的伯肯海德公园（Birkenhead Park）、1866 年纽约布鲁克林的展望公园（Prospect Park）、1870 年旧金山的金门公园（Golden Gate Park）、1871 年芝加哥的城南公园（South Park）、1873 年美国纽约的中央公园①（Central Park）、1886 年波士顿的富兰克林公园（Franklin Park）等现代公

---

① 中央公园是纽约最大的都市公园，被誉为纽约"后花园"。由建筑师弗雷德里克·L.奥姆斯特德（Frederick Law Olmsted，美国）和卡尔弗特·沃克斯（Calvert Vaux，英国）设计。

图 3-6 利物浦伯肯海德公园
（Birkenhead Park）

图 3-7 巴塞罗那居尔公园
（Parque Giiell）

园陆续建成，具有功能主义的直线型特征和省略装饰的抽象形态，体现了现代主义对景观设计潜移默化的作用。

工艺美术运动时期，以威廉·鲁滨逊（William Robinson）、特鲁德·杰基尔（Gertrude Jekyll）和埃德温·路特恩斯（Edwin Lutyens）为代表，设计灵感常常来源于自然事物，反对维多利亚风格的矫揉造作，用更加简洁和自然的语言来构筑小尺度庭园。自19世纪始，推崇规则式园林和自然式园林的西方设计师们各执其词，创作了大量风格迥异的园林。同时，杰基尔和特恩斯等园艺家也尝试将这两种风格相结合，以规则的结构配以自然的景物，形成了独特的折衷风格。

19世纪末20世纪初，工业化进程势不可挡，在工艺美术运动的影响下，新艺术运动一触即发，园林和建筑呈现出自然曲线形和直线几何形两种截然不同的形态。新艺术运动并无统一的风格，在各国的称谓也有所不同，但其共性在于试图通过装饰的手段解决工业化大生产所带来的艺术问题，尤其对建筑和产品领域影响深远。此时，建筑师和园艺师的职责划分还不明确，安东尼·高蒂（Antoni Gaudi）、约瑟夫·奥尔布里希（Joseph Maria Olbrich）、赫尔曼·穆特修斯（Hermann Muthesius）等著名的建筑师也设计了许多具有鲜明新艺术风格的园艺作品。从园林类型上看，以展园和住宅花园居多，且园艺风格与其建筑风格一脉相承。最早萌发新艺术运动的比利时和法国的园艺家们从自然界中的花卉、植物等景物中获取灵感，用富有动感的曲线图案来装饰。西班牙著名建筑师高迪的作品是这一风格的极端代表。由他设计的居尔公园（Parque Giiell）融合了西班牙传统的摩尔文化和哥特文化，以动态的曲线、绚丽的色彩、灵动的空间以及丰富的装饰，来打造非凡的梦幻场景。随后，苏格兰格拉斯哥学派（Glascow Four）、德国的"青年风格派"（Jugendstil）和奥地利的"维也纳分离派"（Vienna Secession）则另辟蹊径，大力发展直线风格和几何形式。受到格拉斯哥学派的代表人物建筑师查尔斯·雷尼·麦金托什（Charles Rennie Mackintosh）直线风格的室内和家具设计的影响，1897年，由奥尔布里希、约瑟夫·霍夫曼（Josef Hoffmann）和古斯塔夫·克里姆特（Gustav Klimt）创立了维也纳学派，并提倡"为时代的艺术、为艺术的自由"，其设计的主要特征是轴线明确、几何构图和黑白色调。赫尔曼·穆特修斯（Hermann Muthesius）作为新艺术运动的代表，极力反对自然式园林并提倡几何式园林。在其推动下，1907年成立了德意志制造联盟（Deutscher Werkbund），奥尔布里希、霍夫曼等新艺术运动的领导人物与彼得·贝伦斯（Peter Behrens）、马克思·莱乌格（Max Laeuger）等设计精英们共同组成了当时最具影响力的设计团体。

　　20世纪30年代后期，盖瑞特·埃克博（Garret Eckbo）、丹·凯利（Daniel kiley）和德里克·马特尔·罗斯（James C. Rose）共同倡导在景观设计中应用现代主义原则，强调连续空间和不对称性、场所功能性、生物形态及公共利益，即所谓的"哈佛革命"（Harvard Revolution），从此解体了"巴黎美术学院派"的教条主义。从那时起，美国景观开始逐步步入现代主义进程。在空间塑造上深受立体派绘画的影响，由不同视点观察到的物象在同一个画面中重新连接、组合、重叠、交错、穿插而形成一个不同寻常的立体形象。密斯·凡德罗（Mies van der Robe）1929年设计的巴塞罗那世界博览会德国馆和丹·克雷（Dan Kiley）设计的米勒花园都借鉴了立体主义思想，注意营造空间的流动互渗效果，从而表达空间的"透明性"。

图3-8　巴塞罗那世界博览会德国馆

图3-9　米勒花园

表 3-2　西方现代景观形态的演变

时间	设计师	代表作	设计形态特点
1920 年	（丹麦）卡尔·索伦森（Carl Theodor Sorensen）	 奥尔胡斯（Aarhus）大学校园环境	运用简单的形式和仅仅一种植物——橡树，表现了丹麦的典型景观；利用地面高差变化设计了一个露天绿色广场
1935 年	（英）杰弗里·杰里科（Geoffery Jellicoe）	 迪去雷庄园（Ditchley Park）	受文艺复兴园林的影响，杰里科沿着场地中原有的水面形态设计了一个长平台，这种设计方式在后来的景观作品中十分常见
1938 年	（美）弗莱彻·斯蒂里（Fletcher Steele）	 蓝色的阶梯（Blue Stairs）	具有典型的"新艺术运动"风格特征。纤细弯曲的白色扶手与逐级递增的坚固石阶形成强烈的反差和对比，在白桦树的陪衬下显得优美和富有趣味，达到了一定的装饰效果
1948 年	（美）托马斯·丘奇（Thomas Church）	 唐纳花园（Donnel Garden）	肾形泳池的流畅曲线与池中的曲线雕塑以及远处的"S"形线条相映成趣。在材质的选择上，庭院平台上的杉木和混凝土地面形成了质感上的对比

续表

时间	设计师	代表作	设计形态特点
1959 年	（瑞士）厄恩斯特·克拉默（Ernst Cramer）	 诗人的花园（Poet's Garden）	草地金字塔和圆锥有韵律地分布于一个平静的水池周围。三维抽象几何形体构成了一种与众不同的空间感受

　　尽管几何景观结构形式在现代景观设计中发挥到了极致，但相比于现代艺术和建筑，它对形态的追求仍然是滞后的。三谷彻将现代景观设计师誉为"迟到的现代主义者"①。他认为现代主义的先锋是绘画与雕塑，其中建筑师是集大成者，而景观相比其他领域则落后许多。他曾言："从现代主义的抽象艺术到地景艺术，都与早期的景观艺术有着一定的联系，并不是偶然的，环境艺术家们一定是在什么机遇中，从场所中发现场所魅力。这样做不得不匿名时，就会运用简单的几何学。简单的正方形、圆形等，其形态不仅仅是标题，更重要的是场所的特性得以体现。我认为，这才是现代主义最重要的作用。"②进入后工业时代以后，人类在生存危机面前，不得不反思工业文明造成的恶劣影响，西方传统美学的价值观念开始转向环境美学和生态美学，并且逐渐汇集而形成一股势不可挡的解构主义的洪流。

三、当代景观形态的解构趋向

　　古往今来，建筑和艺术思潮或流派往往都具有观点鲜明的理论体系和表现形式。尽管景观思潮和流派的发展与之并行不悖，但相对而言，景观发展的理论和实践均有滞后性特点。因其与自然和人类进化的特殊且密切的关系，景观并不具备建筑设计的"自治性"特点，对某种风格的质疑和反叛的立场不如建筑那般彻底。不同时期的建

---

①　［日］槙文彦，谷彻．场所设计［M］．覃力，译．北京：中国建筑工业出版社，2014：111.
②　［日］槙文彦，谷彻．场所设计［M］．覃力，译．北京：中国建筑工业出版社，2014：107.

筑和艺术流派都在一定程度上影响了景观设计，但并未能形成观点鲜明的景观理论体系或流派。

　　人类凭借主观意志和直觉经验，用技术造物方式创造出由完美几何图形构成的现代景观使得复杂的城市生活被简单化和秩序化了，形成相对稳定的社会结构和表面秩序，但随着时代的变迁已与纷繁复杂的当代社会生活背道而驰。在当代景观中，人类逐渐挣脱了思想、观念和情感的樊笼，在不断探知和体验景观的过程中发掘事物的本质，创造出兼收并蓄的动态多样化景观。学科边界的消隐使景观形态更加多样，脱胎于非欧几何的分形几何成为当代建筑和景观空间形式语言探索的重要工具，科技进步则为景观语言的实验提供了更多的便利和可能性。凯文·凯利（Kevin Kelly）认为，人类对城市景观这个复杂事物的运作机制认识尚浅，必须回归自然以探寻管理复杂世界的方法，技术正引导着未来世界朝向一种"新生物文明"①。不容忽视的是，受到当代艺术和解构主义建筑的影响，当代景观形态已经出现了明显的解构特征，并朝着生态化的自然景观形态方向发展。

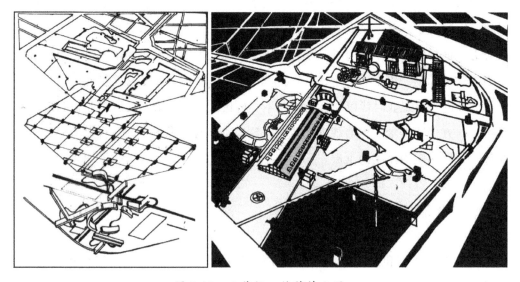

图 3-10　巴黎拉·维莱特公园

---

①　[美]凯文·凯利. 失控——全人类的最终命运和结局[M]. 张行舟，等，译. 北京：新星出版社，2010.

　　解构主义反对二元论，提倡多元论。从形式上来看，解构主义风格的作品推翻了柏拉图以来形而上学的传统美学观，提倡"反形式"和"纯建筑"，具有强烈的形式特征。均衡、统一、韵律、节奏、比例、尺度等传统的形式美规律在解构的过程中被消解了，取而代之的是：分离、偶然、变形、碎裂、倾斜、叠置、突变、无中心等扰乱和谐关系的开放语言。与后现代主义不同，这些形象并未通过隐喻和象征来诠释"能指"和"所指"之间的关系，而是采用无中心、无主轴的叙事性景观布局和斜曲扭翘的不稳定形象，呈现出"多义性""模糊性"和"偶然性"的混沌状态，表达形象所隐含的复杂性及动态性。先锋设计师屈米设计的法国巴黎的拉·维莱特公园（Parc de la Villette）标志着解构主义景观的滥觞。1983 年，屈米在该国际竞赛中技压群芳，最终赢得了这场竞赛。这是他首次与德里达合作，设计意图是将基地建成一个具有划时代意义的公园，以推动巴黎核心区的社会、经济和文化的发展。屈米的设计灵感来自于后现代文学，将人类所体验到的社会现实视为建筑的"内容"，其中的建筑实体和空间即为"形式"。在设计中并不在意"内容"和"形式"的统一，以及符号要素的历史意义，而是关注当代文化的分裂状态、分歧性与事件的偶发性。在他看来，"社会是在某些建筑概念之上建构的，比如根基、结构、权力金字塔、感觉迷宫等。它们不仅仅是隐喻，同时也是语言自我组织的方式"①。因此，其设计中贯穿对建筑中包括基本概念在内的根基的思考。

　　在拉·维莱特公园的设计中，屈米深刻地质疑建筑秩序、结构和技术，摈弃后现代主义的"透视画"及"新理性主义"的形式主义手法力求，将其打造成为一个形式怪诞、离奇、多义、创新的现代公园。该公园占地 55 公顷，由三大部分组成，从设计到竣工历时 15 年之久。19 世纪的屠宰场和肉市场被改造成科学工业城（即国家科学博物馆），丰富多彩的公共空间由不同主题的花园构成。公园由点、线、面三个相互重叠而又独立的系统、加上向量及不同场域组成，包含了文化、娱乐、教育和运动等各种功能活动场所。一种独立于用途的结构、没有中心和等级的结构贯穿整个用地，点、线、面分布在以 120 米间距所形成的有规律的"点阵网格"中。

　　规则的"点"系统：边长为 10.8 米、造型怪诞的红色构筑物小品（Folly）规则地布置于间隔 120 米的点网之上。它看似无任何功能用途，实则可以满足当前或未来不确定性的需求。屈米用重复的手法表达构筑物与功能用途之间的脱离，以及与社会价值观之间的分裂。

---

　　① 上海当代艺术博物馆. 伯纳德·屈米. 建筑：概念与记号［M］. 杭州：中国美术学院出版社，2016：26.

交错的"线"系统：沿运河修建的步行走廊和林荫道贯穿公园，包括一个柱间距为 15 米，总长不到 600 米的东西向双层连廊；另一个是蜿蜒曲折的"电影步道"，如电影般展开的游览线路，连接着由不同建筑师、景观建筑师和艺术家独立设计的十个代表着影像的"主题花园"。这两条线性的主道将各个点连接在一起，象征着公园的历史变迁。

丰富的"面"系统：根据几何原理设计的开阔而平坦的公共活动区域，包括草坪、铺面和修整过的地表。不同的小型主题花园使公园的空间层次十分丰富，也形成了特殊地块的微气候，可以满足所有要求大面积空间需要的活动内容。

受德里达的启发，屈米认为现有的建筑观念过于陈旧，城市中严格的等级秩序、明确的功能分区、静态的空间观念等具有很大的局限性。因此，他试图创造一种异质混合、功能模糊、空间指向不明的"事件建筑"。他在公园中设计了一套抽象的、开放的系统，其中红色构筑物是一种符号，其功能可以在不同的层面上加以转换，审美主体也可以根据自身的认识加以理解和阐释。点、线、面系统充满偶然性的叠加，激发了空间中的行为和事件，创造了一种自由的、无规则的、令人震惊的效果。这三种独立的系统和实际功能处于不同的交叉点上，形成了一种无中心和等级的结构。勒弗诺瓦折叠的围合及两个半球形音乐厅，阿莱西亚和萝实学院的圆形建筑，以及分化的体量的组合有意识地避开了"立面"问题。轴线的消解、间断的逻辑、不对称的布局、扩散的形式、被阻隔的视线……无数的碎片杂交和重叠在一起，"能指"的碎片四处游牧，无边无际。旧有秩序被打破，建筑的本质被重新定义，公园景观的复杂网络体现了多元化的价值观念。随着时间的流变，景观的空间形态也在动态变化中不断地适应城市的各种复杂的社会活动。

这个由建筑师、园艺师、艺术家共同打造的公园具有强大的政治性和民族意义，是一个建筑发展趋势的宣言，对解构主义建筑来说具有里程碑意义。在弗雷德里克·米盖罗（Frederic Migayrou）看来，必须反向解读拉·维莱特公园："我们必须从最绝对的任意性、最蓄意的空间暴力出发……在记号的游戏之中，这个程序化的、二元的、几近计算机式的建筑被解构，各种被构造的同一性（identity）……在同胚中被加以变形，以便生成复杂多样的、游离于项目之外的形式和开放空间。"①在这个方案中，景观作为一种分

---

① 上海当代艺术博物馆. 伯纳德·屈米. 建筑：概念与记号[M]. 杭州：中国美术学院出版社，2016：46.

层的、弹性的、战略性的城市媒介，已经成为联结城市的公共基础设施、公共活动和事件以及后工业基地未来发展的综合性策略和手段。

解构主义是后现代主义的一种极端表现。拉·维莱特公园的解构策略并非要追求某种出其不意的形式，而是一次意义非凡的观念探索，其思维特征与后现代艺术十分类似。它开辟了一条后现代城市公园建设的道路，从此当代景观形态开始由古典主义和现代主义基于欧几里得的几何形态向非欧几何的异化方向转变。景观空间形态逐渐颠覆了欧氏几何清晰而纯粹的本质，十分强调冗余、模糊和空间关系之间的转换。不仅表现为外表奇异、零乱、残缺、非理性，甚至走向疯狂、恐怖、怪诞和夸张。尽管公认的解构主义景观为数不多，但具有解构倾向和特征的当代景观形态却不乏其数。当代景观设计师正在不懈地开创各种反常规的、出其不意的甚至具有破坏性的结构形式，营造具有暧昧性、游戏性、自由性、片段化、模糊性、偶然性、开放性、混杂性等多重特质的混沌空间。冲突、对抗、空间、片段、事件等元素构筑了城市多元杂交、百花齐放的拓扑景观。

表 3-3 景观形态由"结构"向"解构"的嬗变

景观形态	现代景观典型作品		当代景观典型作品	
中心	 麦克英瑞特花园	运用现代抽象造型手法塑造平面构图，但大体上保留了传统景观中具有视觉意义上的几何中心	 亚洲文化联合中心	通过变形、夸张等手法消解了中心和主从结构，形成了动态和不稳定的景观形态

续表

景观形态	现代景观典型作品		当代景观典型作品	
轴线	 印度新德里莫卧花园	一部分景观基本延续了传统景观的对称式构图，另一部分景观追求一种动态平衡，景观要素在轴线控制下不完全对称地均衡布置	 合肥政务中心 文化主题公园	轴线被打破，运用倾斜、转换和偏移等手法创造了大量曲轴、断轴，甚至无轴的景观形态
平面布局	 Noailles 别墅花园	由抽象图案和有机线条形成的欧氏几何构图，注重均衡性、功能性和空间效果	 意大利 Venecia 娱乐公园	摒弃了和谐构图，由欧氏几何向非欧几何转变。形态自由多样而富有变化，注重新奇性、游戏性及个人体验
空间结构	 斯德哥尔摩 Sverige Riksbanken 银行庭院	空间布局模式相对于传统景观空间更加自由，注重景观要素之间的均衡和协调	 纽约 2106：自给之城	多层次立体嵌套结构，具有拓扑和分形的性质，呈现出一种混沌的状态

第二节　解构形态的语汇

　　景观语汇（能指），是建构景观语言形式系统的基础。依据类别，可划分为地形、岩石、植物、铺装、水体、构筑物等物质要素；依据形态，可划分为点、线、面、体等抽象要素。"无论一个具体的项目是自然的、线性的、曲线的、正式的或非正式的都并不相干，重要的是项目的形态和几何学如何与提出的特定假设和力图产生的结果相呼应。"①不同的构词方式产生的景观形态已经超越了传统景观美学的范畴，而成为一种具有一定文化影响力的、行之有效的策略手段。

　　公元前300年左右，古希腊数学家欧几里得（Euclid）撰写的数学巨著《几何原本》中，对点、线、面、体等基本概念进行了定义。他运用逻辑推断导出了几何基础、几何与代数、圆与角、比例、相似、数论、立体几何等诸多命题，并应用于图形研究中。欧氏几何主要研究人工的、规则的、抽象的、理想化的空间图形的形状、大小和位置之间的相互关系。欧氏几何孕育的理性精神对人类产生了深远的影响。自古以来，人们习惯于将研究对象置于欧氏几何空间中进行研究并度量。欧氏几何空间中质朴、简洁、清晰、静态的形式被视为完美的、永恒的真理，成为整个西方古典美学的思想根源并影响至今。现代景观语汇的排列组合大多也是围绕欧氏几何的逻辑句法而展开的。而在当代景观中，各种纯粹的几何形式要素的穿插应用则拆解了现代景观形而上的功能和逻辑，使词汇脱离原有结构和位置，通过裂变、旋转、偏离、错位、零散、弥散，形成复杂、无序、戏剧性和陌生化的空间效果。具有拓扑几何和分形几何性质的非欧几何成为当代景观空间与形式探索的重要工具。景观语汇的能指特性凸显出来，成为独立的能指个体，已不完全隶属于语言的逻辑结构。

一、点的无序

（一）点的特征

　　在几何学中，点是指没有长、宽、高，只有相对位置的几何图形，是最基本的构成

---

　　①　[美]詹姆士·科纳.论当代景观建筑学的复兴[M].吴琨，韩晓晔，译.北京：中国建筑工业出版社，2008：4.

单位。就形态而言，大致分为几何形、有机形和偶然形三种类型。几何形包括圆形、方形、多边形、不规则形等多种外形；有机形为符合自然构造规律的形态，如花朵、树叶、人体等；偶然形是随机形成的不规则形态，如云朵、浪花、笔墨留下的痕迹等。两条线相交的交点或线段的两端显示了点的位置。欧几里得在《几何本原》中定义："点没有部分。"①点是力的中心，也是线的收缩、面的聚集。

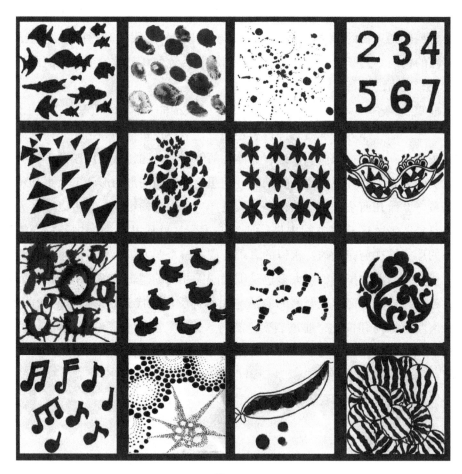

图 3-11

　　点的表情十分丰富。圆形的点具有位置和大小，没有方向，表现出充实、圆满、活泼、跳跃的特征。其他形态的点不仅具有位置和大小，而且有方向性。方形和矩形的点

---

　　①　[古希腊]欧几里得．几何原本[M]．燕晓东，编译．北京：人民日报出版社，2005.

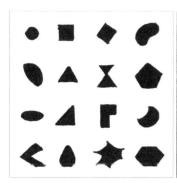

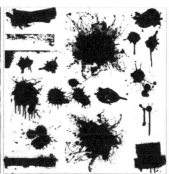

几何形的点，具有规整性	有机形的点，具有 自然性和丰富性	偶然形的点，具有 活泼性和随意性

图 3-12

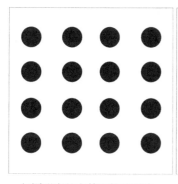
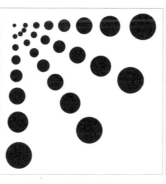

相同形态的点等距排列形成 秩序感，产生面的效应	渐变的点产生方向性 和空间进深感	大小不一的点之间形成视觉张力， 产生空间感和无序感

图 3-13

给人以理性、规整、静止、稳定之感；多边形的点使人感到尖锐、紧张，以及变化感和
方向感；不规则的点则显得活泼、自由和随意。点越小，给人的感觉越强烈；点越大，
则越有面的感觉。但如果点过小，则在空间中的存在感则会减弱。因此，点是相对存在
的，其大小具有相对性。用德里达的语言，其大小是由"他者"界定的。随着点的形状、
大小、疏密、位置、距离、多少、聚散的变化，会形成不同的视觉效果，呈现出不同的
视觉张力。点的位置给人以不同的心理感受，位于视觉中心的点具有向心力和稳定感，
使人的视点集中在画面中心；位于画面上方的点看似要脱离画面，使人的视觉重心上
移，给人以漂浮感；位于画面下方的点有下沉的趋势，让人感到压抑；位于画面边缘的

点使视点向下移动，给人以沿壁下滑的运动之感，同时也隐含着朝向边缘方向的作用力；位于画面偏离中心位置的点使视点上下移动，给人以跳跃、活泼和运动之感；位于画面角落的点使视点向角落方向挤压，给人以萎缩感和逃逸感。

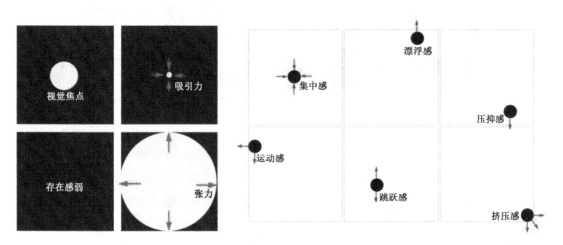

图 3-14　点的大小　　　　　　图 3-15　点的位置变化给人的心理感受

(二) 点的造景方法

点是景观造型中最基本的语汇。景观中的"点"是相对于整个场地而言的景观节点，可以是某个单体建筑、树木、石景、装置等点状要素。譬如，一个特定面积的草坪相对于整个大面积的场地而言是一个点，而相对于草坪上的一棵树而言，则上升为面。点的积聚可以产生多种布局方式。在轴线的终点等位置突出某个重点要素，会形成视觉焦点和中心，创造主题意境。在山顶等制高点、广场、绿地、水池等处或路的近端、角落或开阔地段设置点状景观要素，会形成不同的视觉效果。通过对点的位置的经营，可使点状景观在主次之间转换。

自古希腊至现代以来，景观中的点状要素是以秩序、逻辑为要旨的规则排列组合。然而，当代景观打破了这一定律。随着当代审美和时空观念的转换，在非欧几何形体组成的复杂拓扑结构中，点状要素表现出"无序"的混沌状态，审美和时空的转换给人以自由、活泼、跳跃、活力之感。德里达在其随笔《疯狂之点——维持建筑》中，精辟地评价了屈米的美学观，即一种"生成性体制"的系统。他认为屈米在建筑中使用的"那些

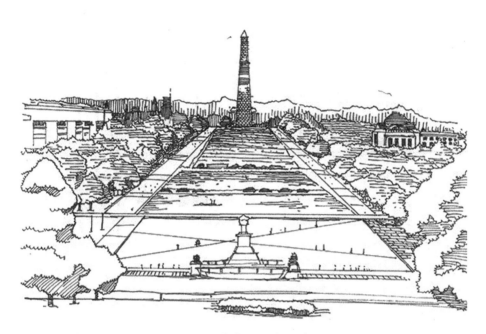

图 3-16 轴线中心形成视觉焦点

记号、文字及能动的符号：这些词都以'trans-'（即'转……'，如转录、转移等）为前缀，更重要的是以'de-'或'dis-'（即'去……'或'解……'）为前缀。它们言及动摇、解构、开裂，尤其是分裂、分离、瓦解、差异"。拉·维莱特公园中不明所指的红色构筑物作为整个场地中的点状要素，正是这种异质性、间断性和非一致性因素的外在表现媒介。点的无序已成为当代景观空间中的活跃因素，不仅使空间形态更加灵活多变，而且成为传达设计理念的有效载体。

由 Michael van Valkenburgh Associates 事务所设计的美国布鲁克林绿洲花园（Brooklyn Oasis Garden）曾获 2015ASLA 住宅设计类荣誉奖。该花园是一个休闲、冥想的后院空间。云母片岩铺设的汀步作为点状景观要素，以一反常规的秩序排列方式，自然散乱地"漂浮"在庭院里，增添了几分静谧感。西班牙科尔多瓦市民活动中心（Open Center of Civic Activities）的场地是一个多功能的户外公共活动区。大小错落、五彩斑斓的圆形伞状小品是极富表现力的点状要素，形成富有层次的空间感，增添了空间的活跃气氛。在西班牙托雷夫兰卡公园（Torreblanca Park）中，设计师尽可能少地破坏原有的生态环境，让植物自由地生长，并加以一定的控制和引导，使植被的分布看似无序，呈现出混沌的自然之美。美国好莱坞青年艺术公园（Young Circle Artspark）位于好莱坞中心区，漩涡状的悬

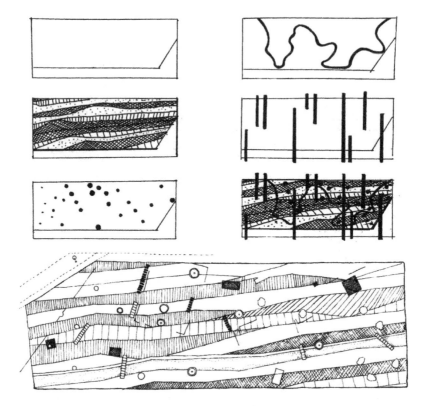

图 3-17　Schuytgraaf 考古基地

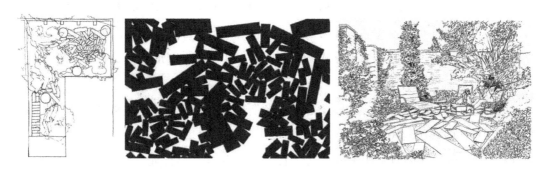

图 3-18　美国布鲁克林绿洲花园

臂式天棚塑造出场地的动感。在中间平坦区域点缀了各种不同种类的树木，其栽植方式疏密有致，形成一定的空间呼应关系。总体而言，当代景观中的点状要素逐渐由单一形式的重复转化为彼此相异的多元形式，要素之间的组合也开始突破传统形式美法则的樊篱，呈现出自由、随机、无序的多样化形态。

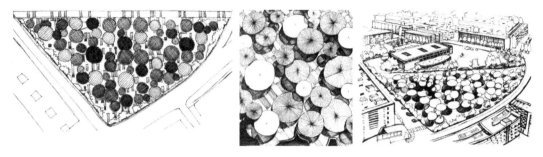

图 3-19 西班牙科尔多瓦市民活动中心

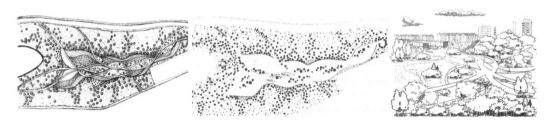

图 3-20 西班牙托雷夫兰卡公园

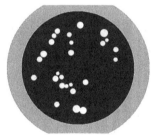

图 3-21 好莱坞青年艺术公园

二、线的错综

点的移动轨迹形成线。从形态上分为直线、曲线和复合线。直线不仅包括可视化的水平线、垂直线、斜线、折线等，还包括隐藏的直轴、斜轴、视线等不可见的空间形态；曲线包括弧线、抛物线、轨迹线、悬链线、反向曲线等，以及空间中的曲轴、螺旋线、双曲线、自由曲线等；复合线是直线和曲线相结合的复合形态，具有直线和曲线的双重特征。线的长短、曲直、粗细、疏密、虚实、深浅，以及位置、形状和方向，体现出不同的个性和情感特征。景观中的线不仅指可视的道路、廊道、驳岸、栏杆、面的边界等线性物质实体，而且还包含轴线等暗含在景观结构内部的线性逻辑。景观设计师常通过在平面上画线或借助计算机矢量图形来构成景观中的线性关系。

（一）直线

点朝着某个单一方向的连续运动形成直线。自然界中事物的原生形态本不具有直线的特征，直线是人抽象出的形态，其本身具有某种纯粹性和平衡性。直线在造型中常以水平线、垂直线、斜线、平行线、交叉线等形态出现。水平线平缓、稳定、安宁、平衡、静止、平坦、开阔，无明显的方向性，隐含着向左右延续和运动的趋势及内在的张力；垂直线简单、明确、挺拔，常出现在纪念性景观中，如欧洲随处可见的方尖碑即代表着庄严、肃穆、永恒、权力，契合精神上的崇高之感。斜线给人以活泼、失衡、运动、方向、速度、不稳定之感，具有强烈的破坏力和内在张力；平行线增强了画面的方向性；交叉线分割空间的分割空间，具有一定的方向性并产生运动感。

| 水平线 | 垂直线（平行线） | 斜线 | 交叉线 |

图 3-22

在景观中，直线的视觉冲击力较强，不仅给人以直接的、强有力的和正式的印象，而且具有生硬和人工化之感。尽管文艺复兴时期的园艺师们将布置整齐的线性公园视为对自然的一种理想表达，直线本质上是一种"非自然的"景观元素。传统西方景观中常用垂直线和水平线作直线对称式构图。而传统东方园林则以自然为美，将"曲水流觞"发挥到极致。

在现代景观中，直线是最常见的设计语言。平面构图相较于传统景观的严谨秩序出现了一定的变化，在多样和统一、节奏与韵律、比例与尺度的美学观念影响下，许多公园的平面由各种呈 30°、45° 或 60° 角的直线构成。而在当代景观中，直线向倾斜、无序、错乱、交叠的方向发展，如华盛顿奥林匹克雕塑公园既是一个典型代表。其场地位于西雅图滨水区的一片工业宗地，一个连续的 "Z" 字形绿色平台从市区向延伸到水域中，将场地中被铁轨和公路分割的不同地块连成一体。长直线形成的绿色平台斜向拉伸顶端交于一点形成锐角，方向逆向而行形成张力，塑造了不同的空间层次，体现出强烈的速度感和力量感。开发艾略特海湾现有的环境资源，形成了具有折叠效果的天然景观。

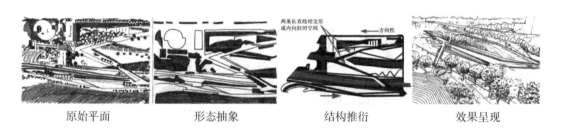

原始平面　　　　形态抽象　　　　结构推衍　　　　效果呈现

图 3-23　华盛顿奥林匹克公园

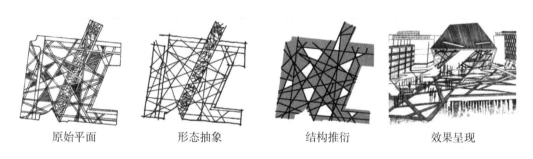

原始平面　　　　形态抽象　　　　结构推衍　　　　效果呈现

图 3-24　爱尔兰都柏林大运河广场

由舒瓦兹设计爱尔兰都柏林广场的平面布局全部采用不同方向的斜线拉伸将场地划分为大小不一、形态各异的不规则形，错综复杂的轴线给人以动感、活泼、不安定和复杂多变的印象。加拿大谢尔丹学院绿色公园也采用了类似设计手法，但不同之处在于，设计师在水平和垂直线构成的直方格网基础上进行斜线穿插，体现出有序中的无序。

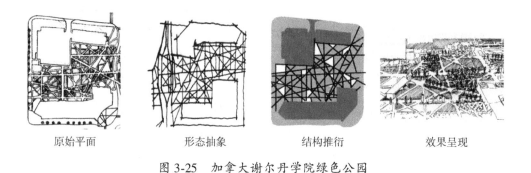

原始平面　　　　　　形态抽象　　　　　　结构推衍　　　　　　效果呈现

图 3-25　加拿大谢尔丹学院绿色公园

图 3-26

　　在以上案例中，直线为场地的格网、线性的道路、排列的柱廊、砌筑的墙体、错落的台阶、层叠的窗台或围挡的栏杆，在视觉上具有刚直的力度和相对稳定的特征。长短、方向、材质和排列组合的变化，使直线景观营造出不同的环境氛围和场所体验。

(二)折线

折线是景观空间中积极和活跃的因素，由多条直线线段首尾相接而成。在当代景观平面布局中，折线景观形态十分常见，决定了整体空间形态的丰富性和灵活性。施瓦兹设计的重庆凤鸣山公园(Fengming Mountain Park)以一条蜿蜒曲折的小道贯穿高差明显的特殊地形，契合了原有的生态环境，与周边的山水、稻田及天空形成对话。不仅强化了重庆地区的山地景观格局，而且富有动感和表现力。

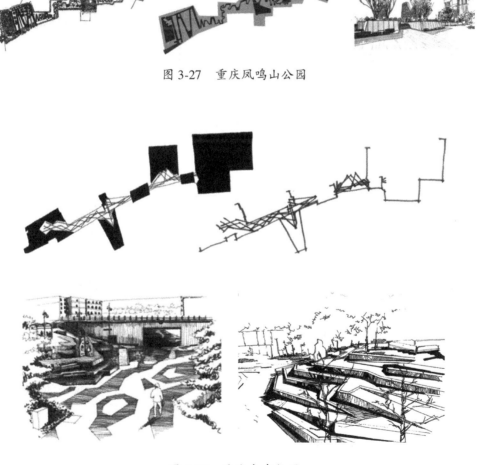

图 3-27 重庆凤鸣山公园

图 3-28 马洛夫中轴区

　　在丹麦马洛夫中轴区（Malov Axis）的景观设计中，由于场地原来的地形是由冰川时期的流水冲击而成，是十分典型的冰碛景观。冰川的运动造就了地形的起伏，伴有冰洞、峡谷和平原等。设计师采用折线的设计语言强化了这一特征，抽象的不规则形态和色彩的丰富对比使场地富有时尚气息。

　　荷兰 Quirijn 公园（Quirijn Park）位于一片狭长的土地上，其道路以一条折线为主线贯穿了广场、建筑、设施及植被。折线的不同的节点上与其他线段相互穿插、断裂、交错，结合轻微的地形起伏使连贯中富有变化，成为公园的"神经系统"。

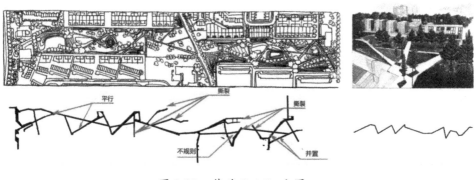

图 3-29　荷兰 Quirijn 公园

　　折线型构筑物在场地中十分醒目，具有较强的方向感，并富有力量。深圳中科研发园中的一座有机形态的景观桥，给人以仿佛从地里钻出之感。桥面由各种不同尺度的踏面构成，具有交通、休闲或观景等多功能需求。路径蜿蜒曲折、细节丰富多彩，与周边的异形水池和植物种植池相搭配，成为场地中的视觉焦点。场地的交通流线由这座桥将周围的离散空间连接起来，数排光影柱暗藏桥底，造成似波光流动的动态效果。人在桥上行走或驻足，都不失为一道美丽的风景，充满了戏剧化的张力之美。

　　除了折线构筑的建筑单体或景观小品外，景观边界的折线形式往往破除了面的完满和秩序，残缺的形式给人以律动和活泼之感。泰国春武里市展销中心花园（Garden For Sales Gallery）场地中从高处的展销中心到低处的海滩之间有一段十分狭窄的道路，设计师考虑到如果改变原有地形会对排水系统造成破坏，且容易引起山体滑坡，因此，他们放弃了对场地的大规模挖采和填埋的方案，而尽可能少地改造原来的环境。将设计重点放到这块小尺度的坡道上，将混凝土种植池的边界处理成折线形态，给人以一波三折之感。尽管设计手法十分简单，但不失为一个巧妙的改造设计。

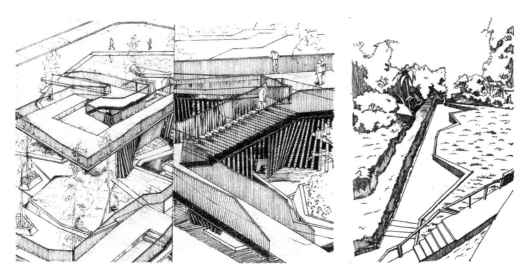

图 3-30　广东深圳中科研发园广场　　图 3-31　泰国春武里市展销中心花园

　　位于斯洛文尼亚博德森特克奥利米亚的 Orhidelia 健康休闲中心被设计为一个城市公园，主体建筑位于地下，与周边环境融为一体。曲折的立面仿佛景观的挡土墙，中间的步行道向屋顶延伸，内外道路的连接处形成两个小广场，达到人车分流的目的，建筑入口、通道、楼梯、水池、露台和设施将不同功能的空间串联在一起，给游客以安全和新奇的体验。

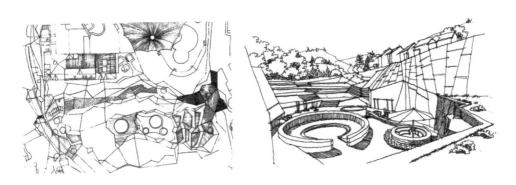

图 3-32　斯洛文尼亚 Orhidelia 健康休闲中心

(三)曲线

　　曲线是点在运动过程中由于受外力作用而改变方向形成的。点的运动方向和形态有无限变化的可能，主要包括几何曲线和自由曲线。几何曲线是圆形、椭圆等封闭曲线，自由曲线则多为弧形、波浪形、抛物线及各种具有随意性和偶然性的自由形态。相对于直线而言，曲线表现出优雅、自然、流畅、温暖的气质，富有节奏感和韵律感。随着当代科技进步和施工水平的提高，曲线型景观如雨后春笋般涌现。尤其是由双曲线构成的流体形态，创造出跨越时空、美轮美奂的流动空间，不仅颠覆了人类传统的空间认知，而且成为数字时代流行的时尚标签。不同于直线型景观的严谨、呆板和沉闷，充满动感的曲线形体不仅在视觉上具有更强的连续性、方向性和吸引力，而且蕴含着强烈的复杂性、流动性、多样性及不稳定性，往往是场地的点睛之笔。

图 3-33　维也纳白水屋

以曲线型景观著称的大师非哈迪德莫属，她曾宣称"没有曲线就没有未来"，其曲线型建筑及景观作品展现出非同寻常的设计表达能力。她以动态构成手法突破传统的设计法则和几何形态，消解地板、墙体和天花板之间的界线，用无比自由的曲线创造出"反重力的爆炸性空间"①。她将流体力学和动力学引入建筑和景观，三维空间中的线经过旋转、扭曲、倾斜、叠加、变形等操作，形成无缝无棱的流体般管束状的复杂形体。哈迪德常用流线型、变曲率的自由曲线塑造速度感、运动感和方向感，给人以超越时空、内外模糊的非凡体验的同时，唤起人们对过去、现在及未来的思考。她提出"城市表皮的移植"（urban graft）②的概念，热衷于运用动态蜿蜒的曲线进行疯狂的交织、叠

①　刘松茯，李静薇. 扎哈·哈迪德［M］. 北京：中国建筑工业出版社，2008：118.
②　刘松茯，李静薇. 扎哈·哈迪德［M］. 北京：中国建筑工业出版社，2008：120.

加、缠绕、互渗，形成软管状的复杂形体。多视点和分散几何体的流动空间不仅功能布局合理、使用方式灵活，而且创造出多样化的展示场所和极其丰富的环境体验。她塑造的建筑与景观融为一体，外观仿佛奔流的、可以呼吸的有机体，管状物曲折蜿蜒的形态和走向契合着周边的城市肌理，也延续着城市历史文脉。

此外，诸多设计师善于强化场地中曲线因素，以使整个景观空间富有动感和活力。在山东青岛世界园艺博览会的归璞塘服务中心的设计中，极富动感、力量感和速度感的流线造型是其最大特色。场地中的建筑和景观依据地形的高差和坡度巧妙地与环境融为一体，菱形的空间格网系统与几何景观语汇体系相互嵌套，屋顶平台、天文台、活动广场、绿色空间、下沉庭院等连续的空间序列营造出步移景异、多方位、多层次的观景体验。

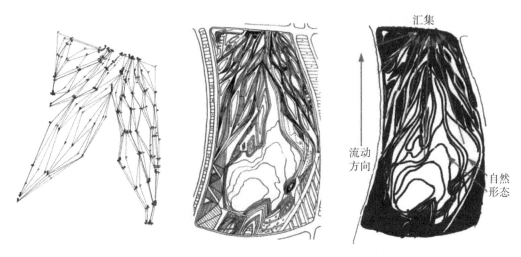

图 3-34　世界园艺博览会的归璞塘服务中心

又如，伦敦银禧花园（Jubilee Gardens）的设计要点在于公园的连通性及辨识度。West 8 事务所以盘绕的曲线路径为主要的造景元素，花园地面比街道平面略高，内部结合高低起伏的微地形，营造出富有动感和张力的景观形态及灯光效果。该多功能的公共活动空间提供公共插头、照相机及数据连通设备，满足了当代人的生活需求。

Topptek 事务所设计的哥本哈根 Superkilen 城市公园是一个集建筑、景观、艺术于一体的超级城市综合体。设计的最大特色在于曲线造型的地面铺装，仿佛奔流的河水一泻千里。这些曲线刻意绕开树、池、公共座椅等环境设施，看似自然有机形态，又与场地的空间布局相呼应，宛若水中的涟漪富有生趣。

图 3-35　伦敦银禧花园的曲线路径　　图 3-36　哥本哈根 Superkilen 城市公园的曲线铺装

与其不同，Ruy Klein 建筑事务所设计的纽约绳结花园（Knot Garden）则用直径为3.17 厘米的相互缠绕的马尼拉绳编织了一个网状的顶棚结构。设计师用 4 种不同的样式将 300 米长、从香蕉树中提取的纤维绳进行打结，编成一个具有装饰性的非结构化的网络，富有极强的艺术表现力。

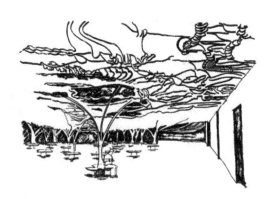

图 3-37　纽约绳结花园的曲线天棚

在阿联酋迪拜滨水城的规划设计中，无论从场地平面、建筑立面到内部结构，均采用了动感曲线的形态，与月牙形的滨水湾相得益彰。流动的曲线建筑将商业区、别墅区、度假村、高端会所等建筑串联起来，创造出富有时尚感的建筑美景，引人入胜。

图 3-38 迪拜滨水城

（四）复合线

城市是由无数的直线形态及曲线形态的景观共同混杂的世界，曲直结合的复合景观

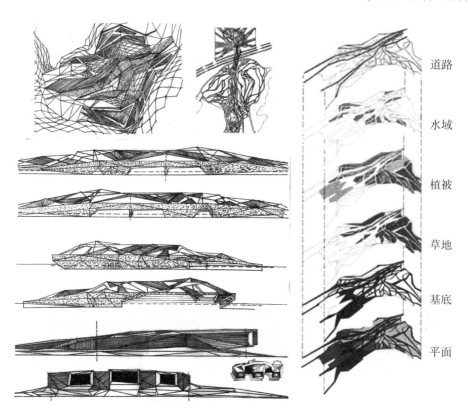

道路

水域

植被

草地

基底

平面

图 3-39 *流动的花园*（Flowing Gardens）

形态更贴合于城市的本质。在 2011 年西安世界园艺博览会中，伦敦建筑事务所 Groundlab 和 Plasma 工作室创作的"流动的花园"，在 37 公顷的场地范围内充分维系了建筑、景观、交通、水体、植被间的动态平衡，形成一个有机网络。三座建筑处于不同方位但相互联系，形态本身曲直结合、向外散射，具有侵略性的张力，并在整个场地中蔓延。同时，最大限度地共享交通要道，场地中央具有十分明确的视觉焦点。通道和植被的连接形成连续的景观面，景观和建筑只是其中的一部分，且与生态功能有机结合，在环境可持续性方面做出了重要探索。看似疯狂无序的景观形态，不仅具有极强的视觉冲击力，而且具有跨越时空的未来感。

线的错综复杂造就了当代景观形态的速度、张力、趣味和活力。当代景观形态的线型特征是不再囿于某一种单一形态，直线、折线、曲线与复合线共同创造了简单与复杂、规则与不规则、有序与无序共存的多元景观。

三、面的残缺

在几何学中，线的移动轨迹形成面，面的形状由线决定。面的大小、位置、叙事、色彩和肌理的变化塑造出异彩纷呈的视觉形象。面是空间围合的手段，主要有几何面和自由面两种形态。几何面是由圆形、正方形、矩形、多边形等具有几何特征的面，具有规则性、机械性和秩序感。自由面是由不规则的自由线构成面与面之间的组合关系，有分离、并置、重叠、透叠、减缺、差叠等多种方式，在当代景观中呈现出多样化组合的趋势。在有限的二维空间中，面有正形和负形之分，具有图与底交替的性质。正形是面的形态本身，其外的形态则为负形。正形与负形可以相互借用，形成图底反转。荷兰画家 M. C. 埃舍尔（M. C. Esch）创作的形态，具有随机性、偶然性和自由性，是充分表达设计师思想和个性的有力工具。他曾开展具有图底反转性质的矛盾空间探索，创造出许多奇妙无比、匪夷所思的非常规空间，对当代先锋建筑及景观设计影响颇深。人工创造

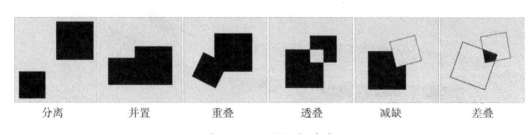

| 分离 | 并置 | 重叠 | 透叠 | 减缺 | 差叠 |

图 3-40　面的组合关系

的面大多具有规则的形状，如欧氏几何中的矩形、圆形、三角形等，而自然界中的山川、河流、花草、树木等事物的原初形态都是复杂的不规则形体。现代景观的面状要素大多延续了欧氏几何完整的几何形态，如圆形、弓形、三角形等，而当代景观的面状要素中出现了残缺、破碎、无序等不规则形态，具有十分显著的拓扑和分形性质。

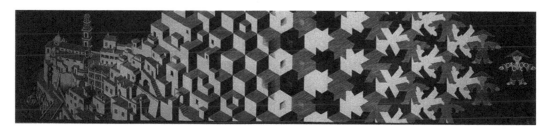

图 3-41　埃舍尔创作的矛盾空间

图 3-42

在 Sishane 公园等案例中，"面"的完整性被打破，不仅出现在二维平面中，三维空间中的不完整面更是独具魅力。BIG 设计的蛇形长廊，看似一个不完整的残缺砖墙（Brick Wall）。设计师从砖块这个最为基本的建筑元素出发，将砖块以分形叠加的方式，配合方形的玻璃纤维框架形成"残缺"的自由曲面，建筑外观形似被拉链拉开的连续墙体形成的蛇型，墙面由线到面、由面到体，形成了自由流动的空间。建筑内部是随着光线变化丰富多变、错落有致的活动与展示空间，充满新奇的景观体验。建筑的顶部是一条单纯的直线，经过曲面的扭转，在其底部形成了一个展馆空间以及一条蜿蜒曲折的公园道路。该建筑是一个极具表现力的城市景观，也被视为环境装置或公共艺术。尽管它打破了传统意义上的完整"面"，但却不失一种特别的美感，形态上更显有机和活力。

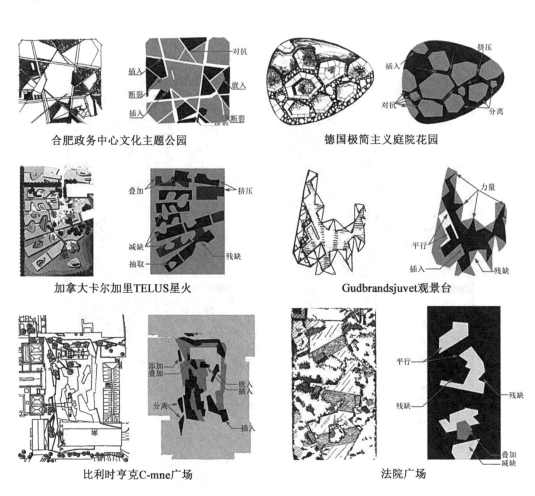

图 3-43　当代景观中面的构成形式解析

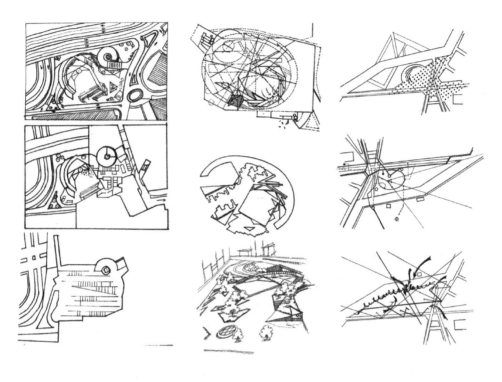

图 3-44　Sishane 公园

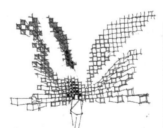

图 3-45　蛇形长廊　　　　　图 3-46　阿塞拜疆阿利耶夫文化中心

　　近年来，自由曲面（free form surface）在建筑及景观设计领域的广泛应用极大地丰富了世界的面貌。自由曲面是有变化曲率的面，具有连续的、光滑的及不规则特征。在 3ds MAX、Maya、Rhino 等三维软件中通过画点建立 NURBS 曲线，在双曲线之间放样即可形成各种三维曲面。这一过程正是与现实中点的移动轨迹形成线，线的移动轨迹形成面相吻合的。在非笛卡儿坐标系中，自由曲面之间连续平滑的过渡是一种复杂的不确定形态。埃森曼的学生格雷·林恩（Greg Lynn）将自由曲面分成"褶皱"与"滴状物"两类。

"褶皱"与德勒兹哲学中的"褶子"观念类似，曲面经过不断地折叠、展开形成凹凸、连续、弯曲、流动的复杂形态。"滴状物"的曲面表面呈现闭合的、凹凸的、不规则、不定型的团状物。自由曲面的应用在哈迪德的作品中被发挥到极致，她设计的阿塞拜疆阿利耶夫文化中心（Heydar Aliyev Center，2012）曾获伦敦设计博物馆设计大奖，占地面积约1.6万平方米。前卫造型的流线型博物馆建筑由地形自然延伸堆叠而出，从地面向上延伸，盘卷出多个独立的功能区，并以连续的坡道相连接。连续的曲线表面构成的建筑表皮由不同的褶皱堆叠而成，形态各异的褶皱分割了建筑不同的功能区，并保持了相对的独立性。建筑内外环境相呼应，开阔的视野具有高度的视觉识别性。玻璃幕墙表皮保证了室内光线，其中图书馆北面能适当地控制日照。前卫而时尚的建筑设计以独特的方式诉说着历史在城市当下所具有的意义。与建筑的曲线风格相呼应的中央广场将周边的住宅、酒店及商业区整合起来，成为阿塞拜疆首都巴库的新型城市地标。哈迪德所引领的流体型建筑风格是其"师法自然"的景观思想在建筑中的映射，在世界范围内掀起了一股时尚热潮，并势如破竹地向当代景观设计、工业产品、服装设计等各个领域蔓延。

图3-47　计算机生成的自由曲面

四、体的裂变

二维平面在三维方向的延伸形成体，具有长度、宽度和深度三种量度。体可以是体量所置换的空间实体，也可以是由面所围合而成的虚空间。包括长方体、多面体、曲面体、有机体、不规则体、复合体等多种形态，具有被切割、叠加、连接、组合、变换、分离等特性。形式作为体的基本特征，是景观要素组合的重要变量之一，也是人们认识和感知世界的直接媒介。景观形体将点、线、面纳入一个整体系统中，其间的变化组合是影响形体变现力的直接因素。然而，景观不如建筑那样具有"自治性"，它与自然环境紧密关联且不断地变化和流动。有限的场地不能被画地为牢、孤立地视作景观的形体。本书所指的作为景观语汇的"体"主要指建筑、雕塑、装置、树木、石头、地形、水体等具有相对独立性的景观形体，其多样组合形成了千变万化的景观形态。自然界中未经人工雕琢的形体都是不规则的，几何形体是与自然中不规则形体相对的人工形态。随着西方社会从古典、现代到当代的发展，设计形体由模仿、均衡到多样化的演变，反映出设计美学由理性到非理性的转变过程。景观的形体也由圆球体、圆锥体、圆柱体、椭圆体等圆满完整的形体，演变为充满随机性和偶然性的不规则形体。

西方古典时期，人们按自己对自然的理解创造了符合自己理想的"先验"形式。作为对纷繁复杂的现实世界的抽象，人的内在秩序借由几何形式的秩序性得以表达，直观地体现出数理关系。换言之，古典时期立方体、四面体、球体等几何景观形态的呈现是人类本能的抽象冲动和几何意识的外在表现。路易斯·沙利文（Louis H. Sullivan）关于"功能决定形式"的主张也推动了现代景观遵循抽象形式的内在法则而走向抽象几何形态。平直的欧几里得景观空间是人类在改造自然中发现、提炼、抽象和再创造的产物，体现了"自然的人化"及人对自然界改造的能动作用。当代景观中时常可以见到诺特式的抽象几何形式，可见欧氏几何对于整个社会发展的持久而深远的影响。

然而，对欧氏几何的真理性、唯一性和完美性的深信不疑也制约了人类思维的发展，使长期以来西方景观形态一直囿于这个绝对标准的统治之下。随着时代的变迁、复杂性科学的发展及信息技术的进步，当代景观设计跳出线性思维定式，诸多景观呈现出有机的、奇异的、随机的、偶然的、边缘的、自由的非欧几何形态。景观造型的差异会直接引发观者的不同情绪和情感联想。重庆凤鸣山公园中模拟山形的雕塑景观，抽象的不规则造型、镂空的装饰和鲜艳的色彩，十分时尚而醒目；人们司空见惯的平直的围栏经过适当的弯折形成富有动感和韵律的"Z"字形，显得活泼可爱；温哥华锈色防线驳岸以耐候不锈钢板为材料，如褶皱般错落有致的外形与天然驳岸在造型上相呼应，但其颜色和质地与之形成鲜明对比，富有鲜明的特色；布拉斯·因方特广场上长短不一、指向各异的雕塑景观让人不明所以，引发观者无尽的遐想；穆尔河上的观光塔以两条盘旋而上的折线形成主体结构，整体造型呈现出向上的动势，如弹簧般具有活力；多伦多像素山以矩形为基本"像素"的模块化布局形成了一定的秩序感，而波浪状起伏的屋顶则散发出律动、活泼和优雅的气质；2022 年北京冬奥会设计的"三山大桥"以极富动感和张力的双曲线相互盘绕将桥身包裹其间，让人过目难忘。

图 3-48　当代景观形体的情感联想

从以上案例中可以看出，相对于直线景观而言，折线和双曲线形态以其多变的形式、丰富的表情和个性的表达，已逐渐成为当代景观的主要设计语汇。2015 年米兰世博会英国馆——蜂巢(The Hive)，由 BDP 建筑事务所与 Wolfgang Buttress 合作设计，其外观貌似一个环境雕塑，造型上呼应世博会"滋养地球，润育生命"的主题，蜂巢结构反映出蜜蜂种群及数量不断下降的趋势，以及授粉过程对于人类食物链的重要性。建筑周边以一片繁茂生长的野花草地相环绕，给游客带来独特的空间序列结构。尽管其外表看起来非理性，且充满变化、偶然和随机之感，但其和谐秩序使景观平衡了各种冲突和矛盾，并演化为一个动态有序的结构系统。

当代景观和建筑的先锋探索深受拓扑几何概念的启发，塑造了诸多具有强烈视觉冲击力的褶皱、纽结和流体形态。一条简单闭合的线可将平面分为内部和外部，而一条复杂闭合的线对内外的划分则难以界定。普通的闭合曲面是双侧的，但如果该曲面有边界曲线，情况则不同。德国数学家莫比乌斯(Mobius)发现，存在只有一侧的曲面，他称之为"莫比乌斯带"。由于它的边界仅由一条闭合曲线形成，因此只有一个边。数学家菲立克斯·克莱因 (Felix Klein) 发现的克莱因瓶(Klein Bottle)也是一种拓扑空间，其结构为一种首尾相接的扭曲形态，其表面不会终结，没有内外之分，具有无定向性。拓扑学研究独立于物体尺寸和形式外的属性，其主要对象是连续变形下几何形体的抽象、连续、伸展或挤压的可能性。拓扑变换是在保持点的联结的前提下，对几何对象进行弯

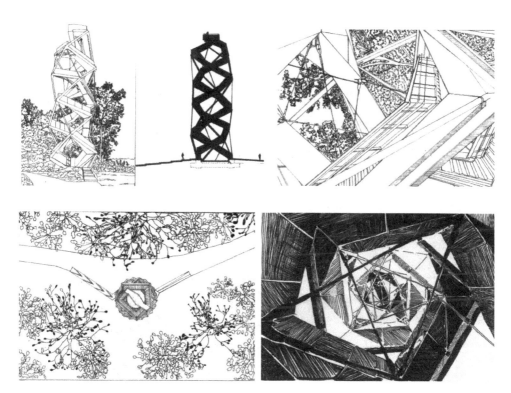

图 3-49 Observation Tower on the River Mur/terrain：loenhart & mayr 河上的观景塔

图 3-50 2015米兰世博会英国馆——蜂巢　　图 3-51 复杂线形成的没有内外之分的面

曲、拉伸、挤压、扭转或综合操作，颠覆了几何形体的常规性质，向不规则的有机形态
方向发展。例如，哈迪德在沙特阿拉伯的阿卜杜拉国王石油研究中心（King Abdullah
Petroleum Studies and Research Center）的设计中，采用模块式的有机建筑形态犹如细胞

一样向空间中无限扩展，富有鲜明的时代特色和极强的视觉表现力。该项目占地5.3万平方米，主要建筑形态由三维六面细胞网络组成，形态各异的网络单元空间被赋予不同的结构，宛若由各种不规则体构成的晶体聚集物，与周边环境完美融合。建筑内部的透气面被外层类似贝壳的材料覆盖，半遮挡的庭院在接受日光的同时控制了室内外温度的缓慢变化。从生态角度而言，该建筑采用可循环的设计手法尽可能地减少了能源和水的消耗。

图 3-52　莫比乌斯带　　　　　　　　图 3-53　克莱因瓶

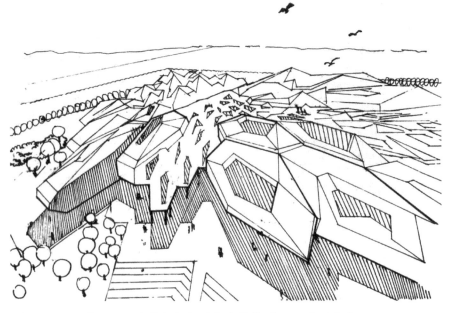

图 3-54　沙特阿拉伯的阿卜杜拉国王石油研究中心

在异彩纷呈的当代世界中，景观的形体语汇正在逐步走向复杂、无序、分裂和流变状态。随着数字技术的突飞猛进，具有速度感、力量感、流变性和时尚性的数字景观更加深入地介入当代人的生活，未来必然呈现出一个更加多姿多彩的景观世界。

第三节　解构形态的语法组织

景观语法，是指景观空间中的结构组织关系。由于时间维度是景观形态的根本性要素，因此景观语法是四维空间中持续变化的动态结构。随着时间的推移，景观语法的不断演变昭示出景观语言崭新的生命力。

一、逻辑秩序的畸变

景观的逻辑秩序是景观语汇之间形成的节奏和序列关系，这种关系是在景观要素所具有的某种共同属性的基础上，在景观结构的各个层面发挥作用的纽带。这种共同属性可以通过视觉廊道上空间的位置关系或体量的差异得以体现。传统景观的秩序主要有中心、对称、轴线、网格、放射等类型，现代景观的构成要素之间通常具有一种相对稳定的、确定的、清晰的、静态的内在逻辑秩序。在当今多元化时代中，景观设计师们意识到这种理性秩序很大程度上限制了个人的情感表达及创造性，因此开始颠覆和谐观及秩序观，推翻这种静态的逻辑秩序，并持续地推陈出新，创造出许多看似无序、畸形、混乱、与"美"毫无关联的空间组织形态，实则在新的统一观指导下构建了一种深层次的理性秩序，体现出当代景观的内在文化特征。

(一)中心轴线的消解

"轴线指一条想象中的线，它穿过形体最长的那一维方向的中心，显示了形体的最强的动感(运动趋势)。"①空间轴线是传统景观空间中物质、能量、信息流动的主要载体。在景观空间结构中，轴线控制着景观各要素之间的组合关系以及整体形态，具有明

---

① ［美］盖尔·格里特·汉娜.设计元素——罗伊娜·里德·科斯塔罗与视觉构成关系［M］.李乐山，等，译.北京：中国水利水电出版社，2003：54.

确的导向性和秩序性。轴线并非只在二维空间内对环境产生影响，而是与周边环境有对位关系，在对环境要素的控制和引导中与之相结合，并形成丰富的三维空间结构。

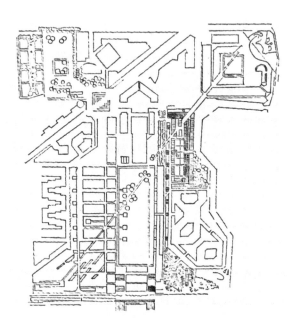

图 3-55　艾斯特庄园，轴线对称　　　　图 3-56　巴黎雪铁龙公园，轴线均衡

　　景观轴线种类繁多，依据形态主要可分为直轴、曲轴、乱轴、复合轴，甚至无轴等类型。规整大气的空间给人以气势磅礴之感，灵活小巧的空间给人以自由活泼的景观体验。景观轴线的运用通常依据场地的功能、性质、现状条件以及设计师想要表达的内涵。直轴是按照一定的线性逻辑将各种景观要素沿直线排列组织而形成的轴线，给人以秩序严谨、均衡稳定之感，在西方古典园林规则对称式布局中最为常见。尽管如此，直轴的极端平衡状态容易给人以保守、刻板的印象，因此自现代主义以来，直轴景观数量逐渐减少，轴线的形式更加富于变化。曲轴是将各个景观要素沿一条流动曲线布置而形成的轴线，它遵循的也是线性的逻辑，但其形式不完全对称、更加自由和富于变化。相对而言，在曲轴控制下的景观要素在基本保持均衡的前提下，结构的组织比较松散自由，给人的体验更加灵活多变和富有乐趣。乱轴是直轴衍生出来的一种，由于它由多条直线控制和引导，且元素的组织形态与直轴空间截然不同，因此将其单列。乱轴景观空间给人以杂乱无章的感觉，但实质上是一种表面上的混乱，具有逻辑严谨的深层秩序。

为了满足当代人追求猎奇和游戏化的心理，当代城市休闲景观中出现的不少乱轴景观，不仅彰显了当代人的强烈个性，也为城市空间增添了活跃的气氛。复合轴景观是直轴和曲轴穿插错落而形成的空间轴线，空间形态富有层次和变化。无轴景观尽管较少，但在某些特定的场合使用，可以达到特殊的效果。

场地的性质决定了轴线的空间形态，传统景观轴线主要有直轴和曲轴两种类型。西方古典园林中的轴线空间来自中世纪的四分园，具有鲜明的方向性特征。整个对称空间中的各个环境要素都绝对服从于总体的构图关系，保持视线对位的通畅，以形成和谐、秩序、统一、均衡的布局。在轴线对称空间系统中，主轴线居于显著的主导地位，控制着景观要素的方向、布局、交通流线、场地功能、人的行为及视线。而中国古典园林崇尚自然之美的空间中则常见流水性轴线和自由、变化、微妙、随意的曲轴空间。

现代景观大多具有直接的或隐晦的轴线。轴线空间注重均衡性，由一个主导性的元素控制，使空间结构主次分明。除了追求对景观空间的理想化表达，在轴线的组织上优先考虑地域自然要素，在有限中表现无限。与古典景观完全对称的严谨逻辑不同，现代景观的轴线系统开始由直线向曲线转化，并出现了斜轴和断轴，更加自由、活泼，富有变化和创造性。最具代表性的如法国后工业景观代表作巴黎雪铁龙公园（Parc Andre Citrone），布局严谨、构图清晰、形式感强烈，具有典型的古典主义空间特征。然而，一条长约850米、斜向穿越公园的道路大胆地叠加于公园的中心轴线之上，破坏了这一严整的秩序，成为控制公园内部空间体系的关键要素，具有极强的引导性和空间分隔的暗示，甚至弱化了中轴线的统领作用。一直一斜的两条轴线的叠合，使雪铁龙公园具有独特的艺术美感，完美融合了古典和现代的设计语言。现代景观轴线打破了古典园林严密的等级秩序和构图逻辑，形式表现上更加灵活和多样。

当代景观是一个古典、现代和后现代景观共生共荣的大熔炉。城市中既有严肃拘谨的对称式园林，也有灵活多变的均衡式景观，更显著的特征是空间层次十分丰富，空间与空间之间的叠加、渗透、流动、交融模糊了轴线的界限，弱化了轴线的控制力，出现了曲轴、断轴、乱轴甚至无轴的景观空间。譬如，伯纳特公园（Burnett Park）的改建基于乔治·凯斯勒（George Kessler）1919年设计的公园雏形，设计师在保持公园原有风貌的基础上，延续了公园传统的"米"字形格网，直线特征十分明显，体现出严整性和秩序感。局部穿插了某些水池或植物，以适当地破坏完全对称的格局，具有均衡而和谐的美感；西班牙的 Cabecera 公园则截然不同，采用波浪形的曲线路径相互盘绕叠加，形成漩涡形态的富有动感和韵律的有机形态；巴塞罗那的"鹦鹉牢笼"景观模拟原生态自然景观，平面布局以形态相似的不规则六边形为基本元素，分别朝向不同的方向，看似自然散落在森林中，呈现自然无序的无轴状态；新加坡滨海湾公园位于新加坡滨水中心地带，由英国园林建筑公司 Grant Associates 设计，采用如根茎蔓延般向四周扩张的乱轴形态，将周边的建筑、小品、植被、花卉等元素都编织到这个极富张力的网格之中，轴线将场地划分为若干各具特色的小花园，丰富的主题活动为整个城市增添了色彩。

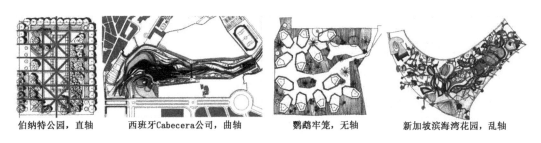

伯纳特公园，直轴　　　西班牙Cabecera公司，曲轴　　　鹦鹉牢笼，无轴　　　新加坡滨海湾花园，乱轴

图 3-57　当代景观案例轴线分析

当代景观常采用动态性的隐性轴线在三维空间层面上组织零散的空间要素，使空间相互交错、叠加、渗透，丰富了空间体验。轴线系统正在不断地由有形向无形，由清晰向模糊，由秩序向无序，由规则向不规则转化，要素之间的动态关系也随之在静态与动态、必然与偶然、确定与不确定之间嬗变，未来的景观空间形态将更加多元。

(二)空间序列的建构

景观空间序列是通过运用引导、组织、对比、重复、过渡、衔接等空间处理方法，将各个独立空间以串联、并联、环形等组织方式形成一个具有一定逻辑秩序的空间集群。由于人在景观中行进并不断地产生新的体验和感受，设计师通过建构空间序列，以有意识地引导和组织为观者所感受的景观场域。观者的运动是动态的连续过程，因此景观的空间序列具有显著的动态性特点。观者的行为习惯、活动规律、知觉心理、视线视域都是设计师建立空间序列需要考虑的重要因素。

"中心"和等级秩序的消解是当代景观空间序列的重要特征。由 Plasma Studio 事务所设计的北京下沉公园（Sunken Garden）以"凹陷的地表"为设计理念，其灵感来自中国传统园林的假山堆叠设计手法及西方的石窟造型，力求营造一种融于环境并激烈碰撞的空间体验。设计师将地表空间进行扭曲，大量的斜面使观者感觉到被混凝土、土壤和植被包围，他们在寻找突破口时穿行于一系列"口袋景观"中，不断地体验其中的神秘和乐趣。其空间序列突破了传统景观的等级秩序和起承转合的叙事方式，而是以"折叠"的方式塑造了一系列形态相似的封闭和半封闭的口袋空间，均质化的曲折道路及方向暗示给予人们充分的选择自由。斜向的混凝土外立面将人限制在局促的空间内，随着步伐的移动，人的视线不断地在远与近、被阻隔与开阔之间转换。置身其间，压抑、解放、收束、自由等多种体验相互交织，激发了人们探索的欲望和乐趣。

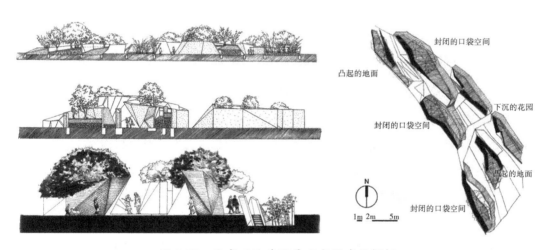

图 3-58　北京凹陷花园景观空间序列解析

　　景观空间层次的错落与要素的非常规组合也是当代景观建立多层次空间序列的常规手法。德国 PPAS 和上海 TF 建筑事务所将金山区的现代农业园打造成功能复合的当代城市郊野公园。设计构思以中国传统造园中的游廊为主题，向东、西两个方向延伸的游廊连接了高速公路周边的一些孤立的农业旅游项目，未来还将进一步向外延展并整合更多的旅游资源。在景观的空间布局上，游廊及南侧的景观台地相结合，构成了连续的大地景观，保证了视觉的可达性。不规则折线的游廊部分地结合景观形成富有层次的院落，拓展了不同节点的活动空间。在游廊两侧，墙体交替导向性开口营造出"步移景异"的效果。游廊底部的台地与周边环境之间微妙的高差变化，丰富了动态的空间体验感。

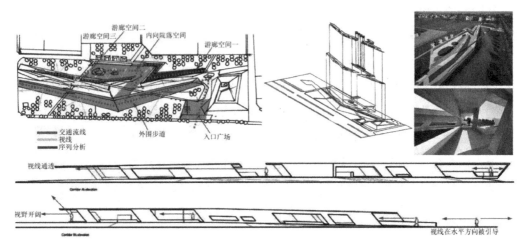

图 3-59　上海金山区混凝土游廊

　　在诸多当代景观项目中，景观要素已不再是完整和谐的整体，而是分裂为景观碎片，在不断地碰撞、扭曲、交叠、变形中塑造了一种充满变化性、偶然性、随机性的复杂化序列结构，使景观空间呈现出极强的非线性、多元性、复杂性、可变性、矛盾性的运动状态，其中潜藏的内部矛盾经由运动的过程转化为一种新的有序结构。

（三）空间尺度的转换

　　景观空间的尺度与其功能密切联系，在很大程度上影响着人的行为和体验。适宜的空间尺度自然而然地让人感觉到亲近和舒适，反之则容易遭到排斥。城市规划或纪念性广场常设计为大尺度空间，给人以气势磅礴之感，给人以心灵上的震慑力，如法国凡尔赛宫、北京天安门广场等，富有强烈的象征意味。而小尺度空间则让人感觉亲切和谐，如私家庭院等。景观的尺度与相关学科对尺度的研究密切关联。从维特鲁威（Vitruvius）到列奥纳多·达·芬奇（Leonardo da Vinci），倡导人是万物的尺度。无论是城市规划，或是不同尺度下的建筑或景观设计，都是以对人体尺度的思考为出发点的。城市是人的聚集地，人是城市景观之本。传统的空间理论是研究人与空间的关系，是以人的尺度为参照来处理空间的，对人的尺度思考是景观最本源的思考。因此，传统城市景观依人的尺度而建造，是在漫长的城市自然发展过程中逐渐形成的单尺度景观。尺度通常较小，符合人的生长规律。

　　此外，社会心理学家曾对空间和人的远近距离之间的现象进行过研究。爱德华·霍尔(E. T. Hall)在《隐藏着的距离》一书中，依据人们交往程度的不通过，提出了 4 种社会距离：亲密距离，小于 0.5 米，人与人之间主要靠触觉和嗅觉传递信息；私人距离，0.5 米至 1 米，视觉起支配作用，触觉和嗅觉相辅助，陌生人之间会略感紧张；社会距离，通常是 1 米至 2.5 米的距离(较小的社会距离)及 2.5 米至 5 米 (较大的社会距离)，人与人之间交流的正常距离，对于合理布置空间中的桌椅等家具至关重要；公共距离，覆盖范围是 5 米至 7 (10) 米，是人与陌生人或不愿意交流的人之间通常保持的距离。依据以 10 为倍数的等比数列，基本景观类型的尺度大致被划分为从 10 米见方到 100 千米见方的 6 个尺度等级。① 景观设计的尺度需视具体的城市规模、功能需求、审美受众的实际情况而定。小尺度景观的空间依赖性越大，空间变异的特征也更为显著。小尺度景观的复杂无规律性、中尺度景观的多中心性和大尺度景观的圈层结构性都不是绝对的，而是相互依赖和影响的，尺度之间并没有绝对的界限。

　　美国现代建筑学家托伯特·哈姆林(T. Hamlin)将尺度分为自然的尺度、超人的尺度和亲切的尺度。自然的尺度是指依据自然的尺寸为参照来构筑建筑，使人可以根据建筑度量自身的存在，住宅、商业和工厂建筑中常见这种类型；超人的尺度是指通过各种手段使建筑尽可能显大，使人感觉到建筑的威力与气势，大教堂和纪念性建筑中常见这种类型；亲切的尺度是将建筑的尺寸比实际尺寸略微缩小，在某些特殊的情境下会出现这种尺度。哈姆林所言的这些尺寸并非建筑的物理尺寸，而是指心理尺度。它是尺度研究的主要对象，是环境的整体或局部给人感觉上的印象尺寸。

　　当代都市的迅速扩张和快速节奏使城市形态呈现出"大"的特征，如香港西九龙滨水区景观恰好符合人与生俱来的追求物质的本性。人类对物质的满足、高效的节奏、视觉的刺激与征服的快乐在大尺度的建筑和景观中体现得淋漓尽致，宽阔的景观大道随处可见，大体量的建筑拔地而起。库哈斯由此发出的"大"(Bigness)的宣言："大是终极建筑，只有通过'大'，建筑才可能将其自身从筋疲力尽的现代主义与形式主义的艺术意识形态运动中体现出来，恢复其作为现代化推进器的作用。"②他在《小、中、大、超大》(S，M，L，XL)一书中探讨了大型建筑所带来的问题，阐释了建筑尺度与意识形态的关系、大型建筑的运作机制、建筑尺度与形式的关系、建筑中多重要素共生的可能性、设

①　[美]尼古拉斯·T. 丹尼斯，凯尔·D. 布朗. 景观设计师便携手册[M]. 刘玉杰，吉庆萍，俞孔坚，译. 北京：中国建筑工业出版社，2002.
②　雷姆. 库哈斯. 大(Bigness)[J]. 姜珺，译. 世界建筑，2003(2)：44.

图 3-60　香港西九龙滨水区景观

计创新与环境限制等问题，也引发了对景观领域中许多富有争议的问题的思考。

随着当代环境问题的突出，景观生态学开始研究某一空间尺度范围内的景观格局与生态过程，其核心问题是多尺度景观。"由于其在尺度和范围方面的巨大，景观已经成为了多样性和多元化的代名词，就像一个容许差异存在和发挥的综合总体'概览'"①。在当代景观格局与生态过程中，尺度是多样而复杂的。城市的政治制度、社会文化、经济水平以及景观的功能及审美需求，决定了不同尺度下景观的空间格局。城市中心区景观类型较丰富，组合程度较为复杂。而城市边缘或郊区景观类型则较为单一，斑块面积较大。在同一区域不同尺度下的景观空间格局及生物多样性也存在着较大差异。当代景观并非一种静止的物质实体的呈现，而是在时间维度的影响下自然界中各种作用力之间关系的集合，时间的动态过程赋予景观以一定的尺度转换能力。景观设计是以时间为媒介，对景观演变的动态过程及其时空运行机制的表达。其空间尺度具有相对性，随着时间的流逝而不断地转化和发展。

（四）空间界面的演变

景观空间界面的变化是影响空间秩序的重要因素。传统空间中地面、墙面和顶面是

---

① ［美］詹姆斯·科纳. 论当代景观建筑学的复兴［M］. 吴琨，韩晓晔，译. 北京：中国建筑工业出版社，2008：2.

截然分开的。地面以暗示的方式界定空间的范围和尺度，墙面的围合决定了空间形态、
序列和视线，顶面的形态则会对空间的特征及人的感受产生直接的影响。空间界定的方
式主要有围合、覆盖、凸起、凹入、架起、设立等方式。当代景观对空间围合突破了现
代景观中垂直面的组合方式，常与地面呈一定的角度（非 90°）。若墙面与地面呈锐角，
会让人感到一定的压力，其程度与墙面的尺度及材质相关；若呈钝角，则会让人产生开
阔和释放之感。有的顶面不与地面平行或与墙面垂直，尤其是数字景观塑造的曲面与墙
面融为一体，创造了非凡的流动空间体验。地面的凸起或凹陷出现了锐角或流休形态，
"地形拟态"的手法成为一种与环境主题相契合的个性化表达方式。由于诸多当代建筑
及景观构造突破了传统柱网式的架构，景观的空间层次更加丰富而多样。重要构筑物的
设立大多突破了传统的平直方式，出现了斜向设立不规则的有机形态。

图 3-61　景观空间的界定方式

　　2003 年，多米尼克·佩罗（Dominique Perrault）设计的世界顶尖名校——韩国首尔梨
花女子大学校园（Ewha University Campus）一反常规，将建筑埋入地底，建筑的屋顶花园
成为校园中心的公共绿地。这块缓坡形的绿地中央开辟了一条下沉的道路，两侧是 6 层
楼的建筑主体空间，阳光透过玻璃幕墙进入室内。这道"校园峡谷"改变了界面与结构
之间的主从关系，地面与顶面、内部与外部的界限被模糊了。不同于传统建筑，屋顶界
面与地面之间的连续营造出一种开放的、复杂的、连续的流动不确定空间。这种连续不

仅表现在形态上，更反映在时空维度上，拓展了空间界面的内涵。位于校园南端的条状运动空间能同时满足校园通道、体育场和节庆活动广场等多功能需要，是校园文化和城市生活的重叠。在这个独特的校园环境中，界面的处理在设计过程中发挥了举足轻重的作用，不仅分隔出建筑空间，且保证了空间与外部环境的交流和联系。空间界面在整体上高度连续，但是局部被割裂，处于一种不连续的连续状态。其中，各形态元素的变形与组合自由而多样，多"场域"之间相互渗透和叠加，呈现出一种开放、动感、含混、富有变化的景观结构。

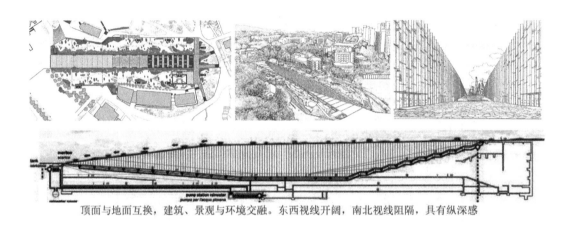

顶面与地面互换，建筑、景观与环境交融。东西视线开阔，南北视线阻隔，具有纵深感

图 3-62　"校园峡谷"——首尔梨花女子大学教学楼设计

此外，材料和肌理的组合方式也会对景观空间的界定产生影响。砖材、石材等传统材料、玻璃等现代科技材料以及耐候不锈钢等绿色材料的综合应用十分多元化。当代景观的空间界面获得了空前的解放，已由一种空间的附属性要素演变为独立的构件，成为空间组织的重要策略。

二、时间尺度的延异

对于四维形态的景观而言，时间是影响景观存在的重要因素，也是人类存在的基本维度。因此，表达景观中的时间因素是从更深的层面上表现世界复杂性。景观的共时性（synchronic）与历时性（diachronic）是动态统一的，无数的共时性片段相互并置、错位、杂交、综合，构成了景观的历时性，并在不断的动态变化中推动历时性的发展演变。景观审美主体的感知和体验是共时性和历时性共同作用的结果。德里达哲学中的"延异"

概念的核心是将时间性和运动引入结构中。在他看来，"延异控制着实证性之存在"（existence des positive）①，并声称"延异这一主题与结构概念中的静态、共时、分类、非历史的母题，是水火不容的"②。在与文本结构类同的景观结构中，"延异"的概念契合了景观的四维属性与动态的景观设计观。"时间"对于景观的存在和发展具有根本的意义，景观空间中物质、能量和信息的交换都随着时间的流逝而发生改变。景观设计及其建设的延迟性和本身存在的延续性，使"延异"成为景观空间结构的显著特征。

基于时间的不可逆性，历时性使景观系统呈现出复杂的、多义的不确定特征，整体结构是无限开放的、多元的、不确定的意指链，在随时间不断地演变中形成新的空间语言和存在形式。自 19 世纪末，日内瓦郊区的 Aire 河道被改造为运河，其周边许多的农耕村庄都饱含丰富的历史文脉。日内瓦市政府于 2001 年发起了一场以"回归生态"为主题的设计竞赛，其目的在于将运河还原为原始的自然河道形态。Group Super Positions 事务所通过连接运河边界与宽广的漫步

图 3-63 Aire 河畔花园与原始河道复兴

区，综合考虑生态和文化的复杂性，将河流空间与原有运河河道上的狭长花园相联系。蜿蜒曲折的自然形态的河道使景观看似波澜不惊，实则富有变化，激发了人们的情感体验和探索欲望。对于场地原有的流域、山丘及人工化景观等异质性要素，设计师将不同的"场域"、视野、矛盾、冲突等构成一场真实版爱森斯坦式"蒙太奇"。在公园中，运河留存的古老痕迹使景观空间饱含了复杂的时间性因素，时空冲突和矛盾使过去和未来同时呈现，给人以既遥远又亲近的奇异感觉。设计师采用一种冒险的"起始模式"，通过对地形的挖掘合理地引导河流的流向。基于耗散力形式的渗透原理，将钻石形的场地打造成一个充满不确定河道的复杂网络，形成"露天实验室"。去除腐殖质层后，依据原生蜿蜒形态的幅度，将地形塑造为一定尺度的菱形突起形态，并精确地控制纵向分布的河流，使河道布满整个新河床。其形态与"大地"艺术有异曲同工之妙，达到了和谐

① ［法］弗朗索瓦·多斯. 解构主义史［M］. 季广茂，译. 北京：金城出版社，2012：42.
② 雅克·德里达. 多重立场［M］. 余碧平，译. 北京：三联书店出版社，2004：39.

统一的视觉效果。在河道重新恢复一年以后，河流中出现了沙子、砾石、沉积物等，最初预设的菱形几何形态也渐渐显现出来，形成了令人欣喜的、良性循环的河流地貌。

该公园反映出景观形态的呈现是随时间发展而演变的动态过程，即"延异"的景观空间结构。不同历史时期的对象同时并置、时空的连续与非连续转换、转瞬即逝的某个片段造就了共时性与历时性共存的景观形态。设计师无法完全掌控景观最终呈现的形态，景观的生命过程充满了变化和不确定性。历史景观碎片构成差异性的交织，"在场"的与某个历史上"不在场"的景观要素相互指涉，使新的景观要素建立在其他历史要素的"踪迹"之上。换言之，景观永远是"缺场"的，在时间上具有延迟的意义。景观文本是由多重复杂能指(要素)的相互作用所形成的网络，能指之间存在差异而又彼此关联，充满矛盾性、不定性与偶然性。这种创作过程类似波洛克作画，完全凭借潜意识和感觉表达心灵，无意识的创作行为使最终的成品难以预料却又充满惊喜，在无限的时空中跌宕起伏。尽管景观设计过程不可能像艺术创作那般随心所欲，需更多地考虑环境因素、功能尺度及心理需求，但在思想意识形态上确有很大程度上的类同之处。

三、形式组合的异构

(一)反常规的设计方法

随着数字技术的飞速进步，众多设计师和事务所开展了景观形式的实验探索。他们对图形进行叠加、打断、互旋、割裂、穿插、错位，使平面或立体图形产生并置、破裂、倾斜、失衡、错乱、残缺、畸变、扭曲等偶然效果，长期被正统审美概念排除在外的审美形式的价值被重新发掘，对比增强、张力加大、变异凸显，潜藏的、隐匿的、从属的形式特征得以强调和表现，创造出全新的、具有极强表现力的视觉语言。

点、线、面、体的非常规组合是当代景观常用的造景方法。在德国汉堡的港城公共空间(Hafencity Public Spaces)景观中，场地位于新城滨水区核心地段。洪涝是其面临的最大隐患，潮涨潮落的自然条件是设计师必须考虑的影响因素。设计师的解决方案是将地面抬高约8米，使其高于历史最高线以保证安全性，在居民、游客和水之间建立密切的联系，力求适应人的需求变化。坡道、台阶和狭窄的过道连接系统的各个层面，各种类型的季相植物景观遍布场地，富有生机。从形式语言来看，主要由圆形树池(点)、错综复杂的线型灯柱(线)、休闲座椅(面)及建筑(体)相互穿插组合而成。多层次的景

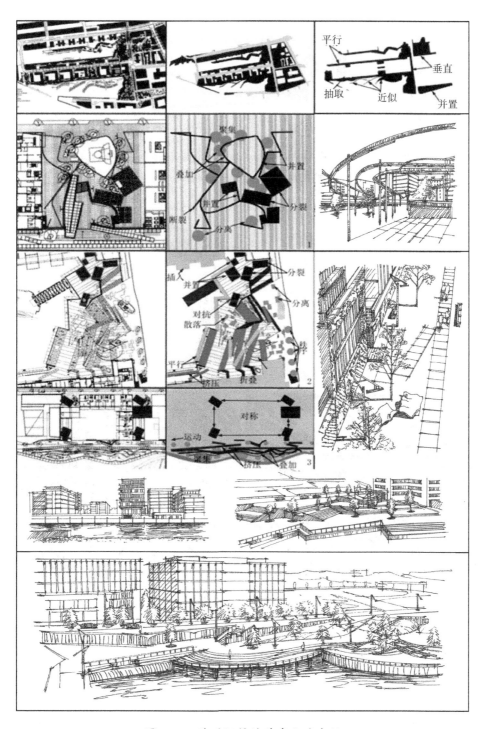

图 3-64 德国汉堡的港城公共空间

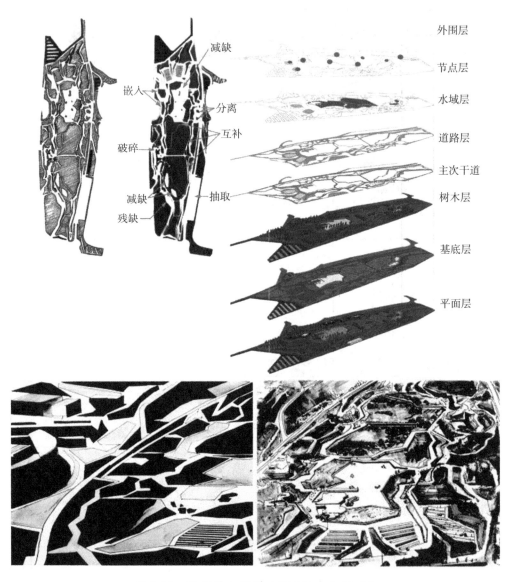

图 3-65　西班牙大西洋公园(Atlantic Park)

观让人能够从不同的节点观赏水、亲近水，感受大自然的情绪。道路、广场和码头基本保持原来的地基高度，其上的漂浮平台通往码头和休闲场地。植物与水体相映成趣，使人感到放松和舒适。低处的休闲通道上有咖啡馆等服务设施。街道层上设置了步行及娱乐区，将交通要道与休闲步道区分开。在具有秩序的条纹型铺装的基底上，圆形树池的布置疏密有致，其间不时穿插矩形石板或坐凳，与之形成强烈的对比。若干条极富张力、毫无规则的曲线灯柱缠绕其间，更添空间的动感和活力，且与直线型铺装反差极大，充分彰显出设计师的个性。设计师强化形态语汇的对比，采用"折叠"的方式，在直线型铺装的基底上大胆地采用多条翻折变换的折线塑造空间的层次。其间点缀了部分不规则形态的绿地，显得丰富多彩。景观语汇的组合基本集中在滨水区，3条波浪形的生动曲线自由叠加，引导视觉力向左右扩散。树池的大小及分布富有变化，活泼而富有韵律。散落的矩形木板坐凳看似随意，实则对称布置，有序和无序强化了空间的对比效果。从中我们可以看出，该项目在景观语汇的组织中，以分裂、叠加、抽取、异构等方式强化圆与方、长与短、曲与直的对比，以及造型、色彩和肌理的变化，对于景观视觉效果的呈现起到了决定性作用。

西班牙坎塔布里亚桑坦德的大西洋公园（Atlantic Park）也是一个颇具代表性的特色案例。设计师用减缺、互补、分离、嵌入、抽取等方式塑造了表面上看似破碎不堪的地块形状。事实上，植物的组合和道路的引导使不同功能地块具有空间上的连续性。在布局上，设计师利用中间的芦苇丛结合其他植物和人工湖模拟世纪中的大西洋形态。芦苇丛对水位高度、营养含量、土壤质量等生长环境的要求十分苛刻。其他地域植物的品种选择与种植方式亦根据大西洋海岸特有的植物生存环境经过精心设计。该项目用人工化的手法对自然界中原本不规则、不完整的事物形态的模拟，营造出生机勃勃的自然意境。

（二）数字时代的分形美学

随着时代的发展，当代景观与城市规划和建筑学逐步融为一体。在异质混杂的城市景观形态中，城市景观、基础设施与建筑表面呈现出一种连续的、开放的、动态的、不确定的演变逻辑。人们无法预知变化的结果，而是关注变化的过程。景观形态的生成不再基于设计师的主观逻辑，而是在自然及人文交织形成的复杂网络中各种作用力交互作用的结果。分形几何的发展契合了当代世界混沌的本质，依托数字技术的发展得以介入建筑和景观领域的研究。作为形式和功能的联合体，分形几何对不规则复杂形体的开拓颠覆了均衡的现代主义"机器美学"范式，而塑造了一种数字化语境下具有"混沌"特征的"分形美学"。

1967年，美国数学家伯努瓦·B.曼德布罗特（B. B. Mandelbrot）提出了一个长期困扰数学家的难题——英国的海岸线有多长？在他看来，测量标尺的长度决定了海岸线的长度。若标尺越短，海岸线的弯曲程度可以被更精确地测出，其结果也就越长。因此，我们应该关注的是海岸线的复杂程度，而非长度。分维数决定了长度，"分形"的概念由此创立。曼德布罗特建立了海岸线模型，并在计算机上制定了一系列算法规则，生成了海岸线的分形图形。他在 1973 年法兰西科学院讲学时首次提出了分形的概念，随后《分形：形、机遇和维数》(1977) 和《自然界中的分形几何》(1982) 两本专著的陆续出版，标志着分形几何学的创立。分维 (fractal dimension) 和分形 (fractal) 理论揭示出隐藏在混沌无序的世界内部的自然规律和物理本质，深刻地影响到景观的空间结构、形态演化、尺度要素以及设计方法和策略。尤其是分形理论中的空间层次嵌套方法，为极富张力的景观形式创新提供了有效的策略。

在分形系统中，整体结构通过某种方式与其局部结构具有自相似的性质，局部几何形体简称"分形"。从整体上而言，分形几何图形表面上看似不规则，但其局部形状和整体形态有自相似性。分形在当代景观设计中的应用不囿于形态，它对于景观的结构、尺度、层次、表现及审美体验都有直接的影响。其自相似性有两种类型，一种是局部遵循一定的线性逻辑不断地演变和复制，最终生成的形态没有完全跳出复杂的欧氏几何形，与整体结构具有完全相同的特征，比如科克曲线 (Koch)、谢尔宾斯基 (Wacław Franciszek Sierpiński) 海绵等基于数学方法的几何分形；另一种是部分与整体之间不完全相似，在生成演化过程中不时有不可预料的随机因素侵入，其迭代过程是非线性的，如曼德布罗特。由于分形几何与自然界中普遍事物的不规则性存在相似的性质，因此当代城市中常见分形的设计手法。如上海"舞动小三角"社区公园、格林德斯斜坡及保罗卡萨尔斯广场，设计师用遥感影像和数字地图等手段测算城市在一定时期内平面布局的形态维数，利用分形的层级性、自相似性来组织空间，从不同的时间维度来思考和观察不同层级

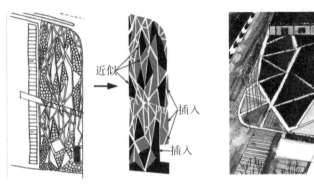

图 3-66 "舞动小三角"社区公园

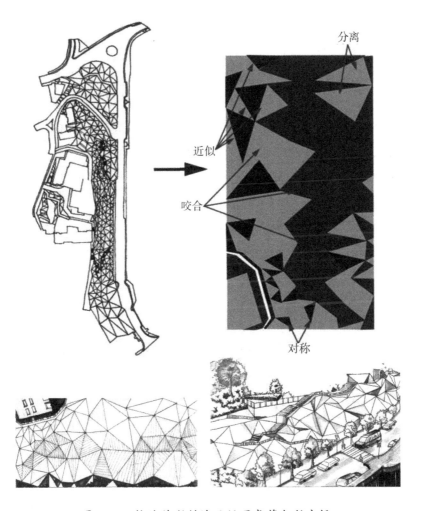

图 3-67　格林德斯斜坡及保罗卡萨尔斯广场

的空间序列，为审美主体创造了新奇、有趣、多变、动感的空间体验。

　　特定的数学公式无法描述分形系统中的不规则形体，从小尺度到大尺度，它们的形态生成规则相同。在当代景观设计中，分形设计手法已十分普遍。如中国北京朝阳门SOHO 二期的景观庭院中，设计师以三角形为基本结构形态，将大小各异、朝向不一的景观元素进行分形处理。在看似随意和自然地散落在地面上，造成无序和混乱的表象。在工艺处理上，三角形结构两两相接，使结构的棱角分明，又消除了安全隐患。位于交通路线上的三角形结构经过设计师的专业分析和合理引导，保证了人流线路的通畅并增添了空间体验的趣味性。这种造景手法也为当今许多设计师所借鉴。在西班牙巴塞罗那植物园（Jardí Botànic a Barcelona）中，设计师佰特·菲格若斯（Bet Figueras）称其为"充满植物和分形气息的植物园"。基于场地的地形、地貌、气候、植被状况，菲格若斯用分形几何的设计手法将其划分为若干不同层级的三角形，不同种类的植物种植其间，营造出地中海特殊的、片段式的农耕景象。景观中的分形注重不同尺度间各种景观要素之间的广泛联系特性，在复杂、模糊、不确定的空间中探索景观空间功能复合的多种可能，以及尺度多样性对城市空间的意义。Heri & Salli 建筑事务所在一个私人建造商庭院内设计的一件碎片式的景观。建筑师通过碎片化的草坪，将真正的自然（如植物、光和水）引入到庭院中来，其零落的排列方式如同正在落下的叶子。这道景观犹如一条颜色丰富、质感柔软的裙子，模糊了空间内外的界限。虽然尺度不大，但却充满动感和活力。这样的实验性探索拓宽了景观创作的视野，突出并表现了所谓的"正统"设计中时常被忽略的事物，与德里达的解构思想有异曲同工之处。

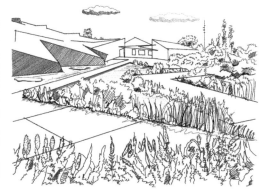

图 3-68　北京朝阳门 SOHO 二期广场庭院　　　　图 3-69　巴塞罗那植物园

当代景观质疑正统的设计原则和规范，试图运用自古典主义以来设计中被忽视或抑制的方面，将其放大，并肯定其存在的重要性和必要性。与此同时，计算机技术的发展使分形几何在分析、模拟城市及自然系统的演化过程方面发挥了重要作用。在技术的推动下，景观设计的范畴已扩大到城市地形学、基础设施、建筑表皮结构及社会信息场景，使设计师能综合考虑景观的艺术、生态及社会属性。

四、空间结构的嵌套

景观的空间结构是一个抽象的系统，指特定空间内景观要素之间以及部分与整体之间的相互联系和作用的方式。在当代动态发展的语境中，传统的"正统"美学法则所对应的静态、确定的景观结构显得"无的放矢"，因其把对象置于一种"先验"的、不变的结构中，通过推敲大小、位置、比例、尺度、主从等部分之间的稳定关系，构成一种线性的、二元的、非此即彼的统一结构模式。其中景观的外部形态往往表现为一种静止的、纯粹的、线性的状态，景观要素之间存在着理性的、肯定的关系。若以传统的审美观和秩序观审视当代景观的结构形态，已不再像传统景观所追求的整齐划一、完整无缺、秩序严谨等构图章法，而是显得毫无规则、杂乱无

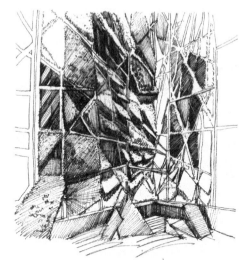

图 3-70　自然的碎片——
　　　　　院落景观设计

章。当代景观的空间语言已逐步由结构走向解构，由静止走向动态，如对当代景观影响至深的达达主义者库尔特·施维特斯(Kurt Schwitters)创造的默兹结构(Merzbau)，常被视为解构形态的母体形式，事实上只是营造了一种混乱的表象。

　　景观空间之间的连续和流动弱化了空间之间的界限，模糊了空间之间的相互关系。哈迪德激进的景观思想造就了建筑语言的时尚和空间结构的"延异"。她消解了"层"的概念，以及通过拼贴、打破和叠加"层"来组织空间的方法，而采用开放而复杂的空间连接技术实现空间的"四维连续"。在这种连续和流动空间中，非均质的空间之间相互渗透和流通，空间之间的关系变得模糊。在韩国东大门景观设计(Dongdaemun Design Plaza)中，建筑环绕古城墙和历史文物而建，外观仿佛流动的液体，内部由展览馆、音乐厅、创意市集、设计乐园和历史文化公园五大部分组成。广场的立面维护系统由45000块弯曲度和尺寸各异的镶板组成，包含实体动画和穿孔图案。借助参数化建模、BIM以及先进的金属成形和制造工艺，极大地降低了施工的难度，并保证了原始的设计形态。随着季节与光照条件的变化，立面呈现出截然不同的动态视觉效果。有时，看似独立的建筑实体，演变成东大门的其中一部分，与周边环境融为一体。夜间建筑内置的立面照明系统、广场内大面积的花形LED灯与周边的霓虹灯交相辉映，激活了广场的活力和创造力。景观表面的虚空和褶皱空间不仅提供了绝佳的观景视线，而且消解了景观空间单元之间单一、静态、确定的关系，创造了充满未知和挑战的四维连续空间及非

比寻常的景观体验。在过去、现在和未来之间，东大门广场景观成为维系古今、通向未来的重要媒介。哈迪德作品中所蕴含的这种动态结构模式是其艺术情感的个性化表达，是心灵的真实写照。

景观空间之间的连续和流动是多个"场域"之间相互作用而形成的状态和片断。在多个"场域"相互作用的动态模式中，各元素无论如何变化，都无法脱离与其他元素之间的关联。"场域"的叠加作用使其中的元素呈现出多样性特征，但不同"场域"之间的交互作用也呈现出隐含的秩序性。具有特色的艺术小品或环境设施对于场地中景观空间的结构关系至关重要。在西班牙列伊达布拉斯·因方特广场（Blas Infante Square）的设计中，其基本结构是由点状的雕塑小品和环境设施、线状的高塔搭架、面状的不规则绿地及地面铺装相互穿插组合而形成的。其中，具有雕塑感的线型高塔搭架十分抢眼，宛如从地里随意地、无意识地"冒出"地面。作为场地中的视觉焦点，这些朝向和长短不一的高塔雕塑形态上看似十分随心所欲、毫无章法，实则集合了环境、灯光和多重功能。使用者可以任凭想象，将它视为雕塑、不明物、树枝，或联想到其他任何事物。有的人甚至将它作为帐篷的骨架，还有的甚至穿上绳子晾衣服，给广场增添了生活气息和特有的韵味。这些雕塑与传统具象的纪念性雕塑全然不同，让人记忆深刻。有人认为，这些雕塑传达出期望和平的武器的象征意义，也有人认为它毫无意义可言。场地中的景观意象传达出的一种飘忽不定、没有明确所指的意义。依据不同的地形，还设计了一个带有平缓坡度的平面方形，各种大小不一的不规则绿地跃然其间，与各种漫不经心的线条形成对比，衬托了高塔搭架的独特个性。广场的地下停车场整合了各种服务项目，电梯、楼梯口、通风等功能元素与高塔、小路成统一的有机整体。随着光线的变换营造出不同的视觉效果。

轴线的消解也是影响景观的空间结构的重要因素。由俞孔坚教授领衔的土人景观采用无中心的网状轴线应用于广州美的总部大楼的设计中。设计初衷源于基地自然环境。中国岭南地区河流纵横、地势低洼、洪灾泛滥，当地人因此修坝制水、挖地为塘、降低水位，基高塘低、基种作物、塘养鱼虾，农业生态环境呈现良性循环的景象。该设计以"桑基鱼塘"为原型，"基"与"塘"构成的网状肌理消解了轴线，阡陌交通的栈桥和道路模拟自然形态将用地分割成大小和形态各异的几何体，分别为下沉水景、植物小丘、区域小广场、地下室采光天井等各种不同的用途。桑基鱼塘是对当地特殊的农业生产方式的真实写照，以回归乡土景观形式的自然抽象设计语言，营造出富有传统气息和美感意境的地域景观。从中我们可以窥见西方设计观念对我国当代景观设计的影响。

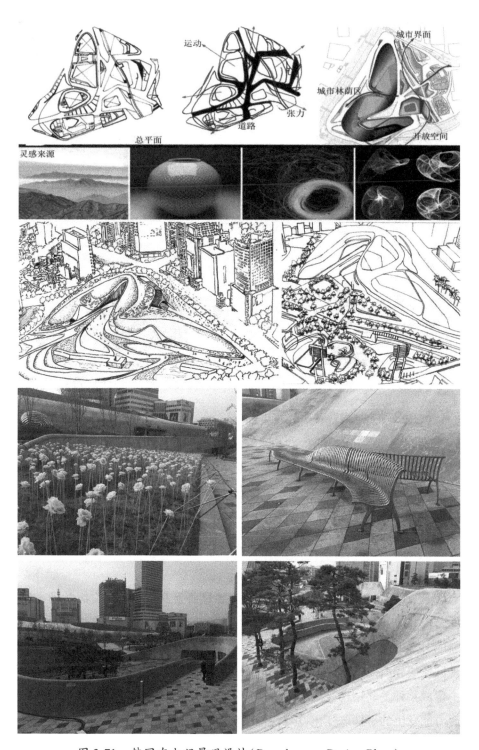

图 3-71　韩国东大门景观设计（Dongdaemun Design Plaza）

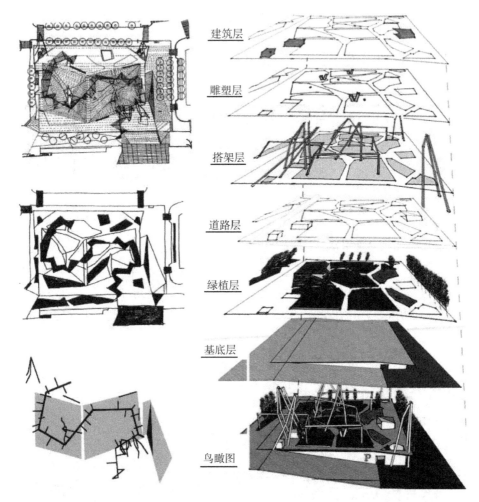

建筑层

雕塑层

搭架层

道路层

绿植层

基底层

鸟瞰图

图 3-72 西班牙列伊达布拉斯·因方特广场(Blas Infante Square, 2011)

在当代景观的空间结构中,所有的物质和能量要素都处在相互交织的动态时空网络中,整体与局部之间不存在明确的主从关系。传统的等级秩序结构被消解,设计方法被赋予了新的时空的概念,取而代之的是无等级差别的组织结构以及随时间而变的延异结构。各种同质或异质的元素以一种自相似的重复或差异形式,在不断地碰撞、重叠、互渗过程中生成某种关联结构。该结构并非静态的、封闭的、恒常的,而是以一种开放的姿态包容可能发生的事件、变化以及任何不确定因素,在不断动态变化中成为人类生活的外延。

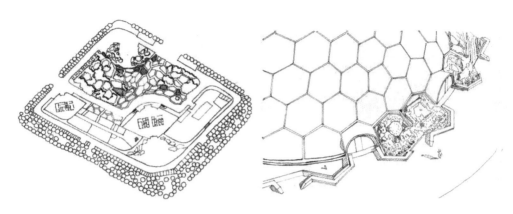

图 3-73　美的总部大楼广场局部效果图

五、异质媒介的杂交

在纷繁复杂的当代社会中，多样化的存在方式、生活状态、设计理念、美学风格、情感媒介及审美诉求已成为人们日常生活中的必需品。因此，多样化的设计语言自然成为诠释当代文化内涵和精神诉求的必要手段。法国艺术家伯纳德·拉素斯（Bernard Lassus）曾提出"异质共存"（heterodite）的设计思想，意指场地内被功能或视线分割的景观碎片承载了场地的历史及现实状况，体现了场地的文化内涵和精神寄托。因此，在设计中需要重拾这些新旧景观碎片之间的关联，创造连续性的、异质因素并存的景观意象，以激发人们的场所精神和情感体验。弗兰克·劳埃德·赖特（Frank Lloyd Wright）研究生物形态，并应用到有机建筑中；盖里近似疯狂地将各种新旧材料混合使用产生奇特的视觉效果；屈米将综合了时间、运动及事件的"电影-文法"（cine-grammatics）作为一种策略，应用到建筑项目中；埃森曼的罗密欧与朱丽叶空间情节与文学脚本等，都将建筑之外的因素引入建筑和景观设计之中，产生奇妙、变化与即时性的效果。异质元素的交融是当代社会多元化发展的必然结果，也使当代景观形态朝着更加复杂化的方向发展。

屈米在建筑观念方面做出的探索对于整个设计领域的思想变革产生了重要影响。他对建筑的概念提出质疑，认为建筑的本真在于被传统建筑定义所排除的主体及其社会活动。他审视电影、文学与视觉艺术等建筑领域之外的异质因素，寻求建筑学科更广义的维度。在建筑各种图纸表现模式之外，他将人的运动与行为等元素引入建筑的表现方式，创造出新的记号模式。20 世纪 70 年代中期，屈米在阅读文学作品的过程中意识到许多作品对空间的描述与建筑学遥相呼应。他以乔伊斯（James Joyce）的作品《芬尼根守

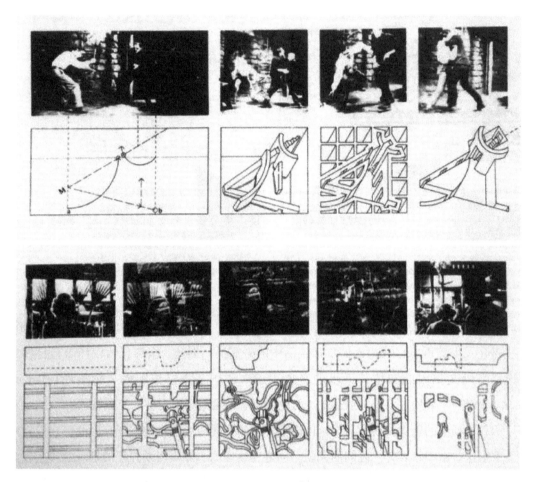

图 3-74 屈米手稿

灵夜》中的解构性叙事为灵感来源，设计了景观规划项目——乔伊斯的花园（Joyce's Garden，1976—1977）。此间，屈米在 AA 建筑联盟学院和普林斯顿大学的课程中，将类似的文学作品中的选段编撰制作成"策划案"作为研究课题，指导学生思考建筑同其他学科之间的相互参照关系。他还开始创作"电影剧本"，将建筑中的空间、运动与事件用电影的连续镜头或图解方法进行描述，形成一种新的"泛记号"模式。"假如存在一种城市空间语言……它的街巷、拱廊、广场，它的类型与模型，每一样都由城市历史来决定，我们会原原本本地使用这门语言吗？或者说我们是要败坏它，还是精心经营它？"屈米提出这样的设问，并在《曼哈顿手稿》（1977—1981）中将一种新的书写方式诠释得淋漓尽致。它从一种假想的对"建筑谋杀"的虚构情节出发，从空间、事件和运动的三元模式引入经验及时间的秩序，重新定义建筑的概念。他将音乐、舞蹈等各个不同领域对城市形态的诠释转化为数据，并将其转录到信息系统中作为设计素材，从而建构了一种介入建筑话语、重塑设计策略和话语的记号系统，先验地、明确地颠覆了建筑的空间构成模式。这些城市破碎的片段话语（手稿）被框定和撷取，预设的"先验的"现实等待被解构，并最终被改造。这种从"他者"的视角重新定义空间的方式对于当代景观的空间概念具有重要启示。

尽管像屈米这般从哲学的高度思考空间存在的异质性因素的景观设计师为数不多，但毋庸置疑的是，由于当代人的生存方式、物质及精神需求的多元化，设计师不可避免地要处理各种庞杂的景观要素。例如，BIG 设计事务所设计的丹麦吉夫斯库动物园方案，设计的目的在于使城市能满足不同性别年龄、文化背景、经济阶层、生活经历、教育背景等各类人群的需求。动物园的特殊性使得这项设计任务充满挑战。在综合考虑自然环境、地域文化、游客、动物、饲养员等各种因素之后，终于克服重重困难选择了最优方案，为人和动物创造了最适宜和自由的环境。设计师打造了一个十分有趣的人工生态系统，其中游客仿佛置身于神秘的幻境中，能够随心随遇地开展激动人心的探索发现之旅。动物则怡然自得，人与动物之间、不同的人群之间和谐共处。

城市是历史景观和新型景观的大熔炉，带有历史印记的景观碎片是人们寻踪的符号线索，与当今的大众文化符号纠缠、交织在一起。"随着过去的和当前的符码被合并，随着高压艺术和低俗趣味形成对照，随着反讽成为了反复出现的风格，这些混合物变成了一种自觉的策略。"①意大利斯塔比亚考古公园塑造了一个古今异质元素交融的设计典范。为了保护场地内无处不在的历史文化遗址，不能修整土工、挖建地基和栽植深根植物。因此，设计师首先厘清了历史遗迹时间上的联系，采用意大利工匠制造的各种灵活、可拆卸的支架型设备，用于创建楼梯、坡道、遮阳篷、临时剧院，同时遮蔽历史遗迹，为游客提供居高临下的观赏平台。古代的景观遗迹和当代建筑及小品之间的连接和重叠，形成了一种特殊的语言张力。不仅考古公园，当代城市任何城市空间都是汇集各种作用力的、复杂而开放的能量系统。其间不同时期、不同性质的各种要素相互关联、彼此影响，且随时随地进行着物质、能量和信息的交换。场地是一个随性质、强度、方向、时间而波动的"力场"，其中的人流、物质流、技术流、信息流等各种"流"不断地经历着输入—转化—输出的过程，并支配着城市内部各种异质媒介之间的复杂关联。这

---

① ［美］查尔斯·詹克斯(Charles Jencks)．现代主义的临界点：后现代主义向何处去？［M］．丁宁，等，译．北京：北京大学出版社，2011：11.

些无形的"流"之间相互碰撞、交织、重叠，联结成动态的、有机的"力场"。作为景观存在的内因，直接决定了景观的外在形态。

本 章 小 结

景观美学的发展经历了从古典主义的理性与秩序，到现代主义的均衡与和谐，再到后现代主义的多元与混沌的嬗变历程。现代景观的结构形态依赖于一个中心，所有语汇的排列组合都围绕逻辑句法展开，屈从于一种"形而上"的整体文化系统；景观的解构形态则以"去中心化"的方式拆解了"形而上"的逻辑，解放了语汇（能指），并用游戏化的手法凸显其特征。解构栖身于结构之中，同时又蕴含着结构。无论是结构或是解构，景观语言依赖人的存在而存在，是人类文化现象和内在精神的外在表达。尽管当代景观没有明确的流派之分，古典、现代、交叉、折衷等多种风格都在当代多元化社会的大熔炉中绽放异彩，不能非此即彼地将某种景观形态归于结构或解构的范畴中。但是，当代景观语言的词汇、句法和语法已不容忽视地呈现出由结构向解构的转变趋向，破碎的网格、斜向的穿插、分裂的碎片构成的视觉景象正是时代社会历史发展的表征形式，不仅体现出当代整体性文化意识对现代文化批判的继承，更昭示出当代人的精神质变。

第四章

当代景观形态的解构语义

　　景观是语言，是表达人类思想的一门艺术。景观的语义是研究各种景观语言符号所传达的意义，即能指与所指的关系。景观形态作为一种意象，其物质表征对应的是能指，深层意义对应的是所指。景观的视觉形态背后所承载的社会、历史和文化意义才是景观真正的价值所在。景观深层的价值系统是充满偶然性和随机性的无规则网络，审美主体的介入使身体、心灵与文化处于相互关联和演变的动态过程之中，从而生成悬浮在空间中的多重意义。地形、山石、植物、水体等景观语汇（物质要素）构成的词组与审美主体的阅历、记忆、经验、知识背景构成的认知系统在相互缠绕交织的过程中，形成了意义阐释的无限性和多重性。审美主体通过身体感知景观的形态，根据潜意识提取某些抽象化的符号，并凭借自身的审美经验对其进行编码和译码，经由分析、理解、比较、联想和再创造而形成新的编码。意义在这个过程中自然而然地形成，并得以传播，是集体无意识的深层结构。景观并非简单地表达某种意义，而是在持续地演变中使意义呈现自身，并不存在一劳永逸的终极意义。

第一节　景观文本的语义内涵

　　巴尔特曾指出："解读文本并不是要赋予它一个（多少是持之有故的，多少是自由的）意义，而是相反，是要评估文本是由什么样的多重性造成的。"①景观设计的解构语言是对原有景观结构的"自我解构",表现了当代人生存环境的"异化"。解构语汇具有十分复杂的差异性,能指和所指的关系是暧昧的、中性的。解构的语义并非外在于语言的先验的或固定的本质,而是语言词汇之间差异性关系的产物。反文化、超语言、超语义、多义性、不确定性的解构语言建构了开放而变化的结构系统,其中心被消解了,二元对立结构不再,能指处于含混的漂浮状态,意义得以解放。能指与所指在不断的、差异性的游戏中创造出新的意义。

一、"中心论"的瓦解

在19世纪末,尼采为反对基督教神学体系,宣称"上帝死了",以消解二元论哲学中"上帝"的主体性地位。他同时呼吁建立"强力意志"的价值观以取代上帝成为主宰世间万物发展的决定性力量。福柯在考察"知识型"之后,指出"人之死",推翻了人作为本质的存在。巴特在此基础上提出"作者之死"的观点,消解了作者的主体地位和以其为中心的文学话语体系,建构了后结构主义符号学美学理论。无论上帝、人或作者,事实上并没有真正地消亡。在鲍德里亚看来,对于所谓的"社会的终结""历史的终结""政治的终结""意识形态的终结"而言,"恰恰最糟糕的就是什么东西都不会终结,一切都会滞后,所有这些东西都会不断慢慢地、无聊地、反复地展开,这就好像是即使人的指甲和头发死了也会继续生长"。② 无论历史、政治、社会还是意识形态,在特定语境中的中心地位被瓦解了,尼采、福柯和巴特试图用这种决绝的语言意在表达对"中心论"的批判和反抗。

自尼采以后,在"人类中心主义"价值观的驱使下,形式主义以标榜个性、表达主观世界为核心的探索成为西方现代设计的主流,贯穿英国工艺美术、法国新艺术主义运动、俄国的至上主义、荷兰的风格派,以及装饰艺术运动、现代主义、新现代主义、高科技风格等一系列风格主义运动。人类挣脱了神学的束缚,彻底地抛弃了古典艺术对客观世界的写实和模仿,以自律的形式化创造歌颂工业革命的成就。现代主义范式强调自我中心主义、象征性的等级秩序、明确的意义和形式、统一的几何风格,是乌托邦的理

---

① [法]飞利浦·罗歇.罗兰·巴尔特传[M].张祖建,译.北京:中国人民大学出版社,2013:37.
② Jean Baudrilard. The Illusion of the End[J]. Journal of Physics C Solid State Physics, 2011, 2(8):1531-1533.

想。它与人们的日常生活仍旧是截然对立的，而对形式的过度关注以及对审美的追求的单一取向阻碍了艺术自身的发展。现代艺术在经历了技术化、结构化、经典化、标准化、永恒化、自我中心主义以后逐渐式微，衍变成一种形式主义探索。

20 世纪 50 年代以后，现代主义风格开始与当代社会多元化的文化现象脱节，波普艺术、超写实主义、大地主义、行为艺术等后现代艺术流派否认了艺术是自立自足的形式，"非艺术"或"反艺术"现象屡见不鲜，审美演变为"审丑"。后现代主义代表了一切修正或背离现代主义的倾向和流派，引发了对艺术本质的考虑，以及对艺术创作和艺术批评的思考和反省。艺术的观念性、思想性和批判性得以追问。审美中心主义被瓦解，只剩下零碎、残缺、撕裂的碎片的游戏和狂欢。巴特在《作者的死亡》一文中将作品（文本）比作多维的混合空间，其中的任何作品都并非原创，作者只能将它们混合在一起，使之互相冲突，但却不在任何一部作品中停留。① 文学和艺术创作大多摒弃了传统句法，用残缺、颠倒、片段、荒谬、悖论、游牧等方式，表现世界不可知、生存荒谬、人是孤独的等思想内容。在复杂性、矛盾性、多义性、游戏化的社会情境中，深度及意义的消解几乎成为包含景观在内的所有艺术形态的基本特征。思想而非形式成为当代艺术家的本质追求，他们思考和反省当下人类生存的现实状态，并通过大量的实验性探索预示未来的文化趋向。面对资源短缺、环境恶化的危机，人们开始意识到只有遏制人类不断扩张的欲望，促进人与自然的和谐共融，才能实现人类的可持续发展。"人定胜天"的思想被否定和批判，造型中心主义被瓦解。探索人与自然的和谐关系成为当代景观设计师创作的根本出发点。

在传统景观中，设计师通常都会在场地中安排一个中心，如公共活动广场、某个纪念性雕塑或标志性景观等。这种空间等级的划分在当代景观中已逐渐被消解。如丹麦哥本哈根的"城市沙丘"（The City Dune）是一个面积为 7300 平方米的城市公共空间项目。SLA 事务所设计了一个开放的环保大厅，将新建大楼与周边建筑融为一体，促进了环境可持续发展。景观的平面布局没有中心，不规则的土地形态宛若自然飘落的树叶。空间形态类似一个巨大的波浪起伏的沙丘，流动的曲线呈现出优雅无序的自然形态，其实际功能是两幢银行大楼间的人行道。地形的起伏有效地解决了排水、流通和植物的采光问题，并且提供了多种步行路线。混凝土的折叠设计使地表反射太阳辐射，调节了场地的微气候。

---

① ［澳］约翰·多克尔（John Docker）．后现代与大众文化［M］．王敬慧，王瑶，译．北京：北京大学出版社，2011：4.

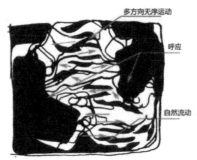

图 4-1　哥本哈根城市沙丘(The City Dune)

解构的设计语言瓦解了中心、解放了能指与所指之间的二元对立，使能指和所指均具有相对的自由性与独立性。在景观文本解构的过程中，景观要素的漫游、交错、叠加、碰撞、互渗及组合形成具有破坏力的丰富结构，理性与非理性、现实与虚构、有序与无序、中心与非中心在不断地互动博弈中促进了结构的动态发展。同时，人在景观中的行为、动作、语言、踪迹、过程与景观能指(要素)的游戏相互交织，参与了解构的过程并成为结构的一部分。在当代消费文化泛滥、技术至上的时代，"解构"是社会历史发展的必然。

二、模糊的"所指"

在当代景观营造中，出现了许多背离传统美学标准的现象，审美甚至演变为"审丑"。究竟什么是美？无人能给出一个标准答案。那么，美不存在了吗？换言之，美之于景观而言，不再重要了吗？答案显然是否定的。在当代语境中，景观之美在于其中所蕴含的意义，这种意义不仅关乎视觉审美，也不止于满足生存需要，更重要的是满足人类的精神与情感的需求。结构主义哲学推崇人文话语的精确性，而解构主义哲学则强调人文话语的模糊性。当代景观所隐含的意义具有含混性和不确定性特征，是一种暧昧的"所指"。

自古以来，人类与景观的关系就颇为密切。在当代无权威、无主导、无规则风格的多元世界里，景观艺术更深入地渗透到大众文化之中。图像文化的出现与发展使设计语言被解放，被传统价值观念所压抑或忽视的事物被揭示。后结构主义者认为文本作为"能指链"，其结构不是单一的、静态的、明确的，语言符号亦不再与某种明确的、统一的、完整的、静态的意义相联系，语义在无限的能指链的运动中保持一种不确定的流变状态。解构以偶然拼贴的游戏化手法，消解了中心性、目的性、整体性和决定论，同时也消解了文本的终极意义，表达了彻底的反文化精神。文本中符号的所指（意义）始终处在"差延"和"滑移"的过程之中，以"踪迹"的形式不断地生成、延伸。"所指"在时间维度上难以被控制和规约，使得文本的解释具有多种可能。读者通过对文本的解读，持续地寻得踪迹，同时参与文本中"能指"的游戏。尽管不断地趋向"所指"，却无法习得一种确定的意义，由此衍生出无限的多重意义。德里达曾说："不管是心理学的、历史学的，还是形而上学的，我们不应该总认为文本具有文本外的任何固定所指意义。"①本着意义是模糊的、不确定的观点，他提出一个著名的论断："文本之外空空如也（没有文本之外的文本）。"②。巴特认为文本的主要特征在于它存在于一种动态的语言情境中，其意义是多元的，主体的丧失不一定会导致意义的丧失。文本属于符号的能指范畴，且具有不确定性，是一种无中心、无终点、不确定的开放结构。一个文本是否有意义在很大程度上依赖于读者的"再创造"，不同的读者对于同一文本或有不同的解释。正如德里达所表述的那样，解构是从文本出发，存在于结构之中，进而颠覆本文对象中的等级性并确立一种新的概念关系，从而达到消解结构的目的。作为一种具有破坏性和游戏性的方法，解构不仅消解了传统结构中的理性、逻辑及完美的价值取向，而且消解了中心、目的、整体、真理和意义。

当代景观设计的解构语言同样遵循这一逻辑，消解轴线、去除中心、斜线穿插、破坏形态，颠覆纯粹的几何形式语言和静态结构，创造了混沌、多义、趣味、暧昧的设计语汇及复杂的动态结构。这种突破常规的景观营造活动尽管没有明确的意义指向，却仍然是富有含义的创造性活动，也是当代美学观念和价值取向的直接体现。景观的能指（形态语言）将信息传递给审美主体并获得解释，随着社会环境和审美主体的变化，不断地生成新的所指（意义）。"意义"从何而来是解释学研究的主要问题。它是本文固有的，还是审美主体的再创造，或是二者的互补产生的结果呢？在解释学家看来，人类只有先弄清自己创造的艺术作品的意义从何而来，"美是什么"才是一个有意义的问题。他们认为意义与美、本文与客体、解释者与主体处于同等地位，具有重要的方法论意

① ［澳］约翰·多克尔（John Docker）. 后现代与大众文化［M］. 王敬慧，王瑶，译. 北京：北京大学出版社，2011：162-163.
② ［澳］约翰·多克尔（John Docker）. 后现代与大众文化［M］. 王敬慧，王瑶，译. 北京：北京大学出版社，2011：162-163.

义。概括而言，解释学认为艺术作品的意义不可能独立于主体之外，不存在固定不变的意义或美的价值。对于任何景观而言，每位审美主体对景观体验都具有不同的意识和解释，景观必须在被充分理解后才具有审美价值。形式的意义是不断变化的，并无普适的客观标准。

与此同时，当代景观的解构倾向或许更多地归因于当代社会中审美趣味的畸变。在当代商业文化和数字技术高度发达的背景下，地球村使信息交流日益频繁，景观意义的外延被扩大了，景观美学面临着严重的危机。审美文化发生了巨大变化，景观的最终形态几乎由大众意识形态决定。大众文化的世俗化对形态的解构消解了景观意义，是否意义真的不存在了？换个角度来看，是否存在与当下时代精神相适应的景观意义？或许正是由于传统审美观视角下当代景观的语义含混，才造就了当代的景观意义——"模糊的所指"。含混的语义意味着人与景观处于平等的对话关系之中，景观的意义并无统一的范式，意识形态和价值取向也趋于多元化。人的自我意识由于图像文化的泛滥而陷于被动。人们陷入高技术所创造的大量物质产品中无法自拔，感官上的刺激和娱乐使其不再关心生存的意义，更不再殚精竭虑地思考他们所创造的景观的意义。景观的意义不是与生俱来的，而是在与审美主体的对话中产生的。由于人们已经厌烦了所谓的崇高和权威，景观创作的源动力转变为大众的审美心理和价值取向。为了满足人们的猎奇、娱乐、游戏和追求时尚的心理，许多当代设计师凭自身的直觉经验出发，将传统景观中被忽略的、不起眼的、次要的设计语汇夸张和放大，拼接、重组、交叠和并置杂乱的异质媒介，使隐藏在结构中的内在暴力被激发出来。这种反传统的、激进的解构语言探索极具创造性，采用语汇的错位、叠置、偏移等方式造成解构主义本文的陌生化效果，将传统景观对社会意义的关注转向景观本身。与传统或现代景观相比，解构主义语汇具有非限定性。丰富的语汇之间存在着复杂和显著的差异性，使得意义的阐释空间也被扩大了。所有的景观现象都可以被视作一个文本，其本身是无所谓意义的。或许正是由于当代景观的这种"无意义"的创作，才使这种行为本身具有多重意义的可能性。这也意味着，对于任何一个景观，不可能有标准化的、一劳永逸的解读，而是指向无限可能的多重意义。

当代景观的美学观念在消解了传统审美法则和话语体系的同时，呈现出崭新的格局和意义的多重指向。多元化的价值取向和意识形态以不同的方式展现，使得意义本身的意义发生了变化，并且决定了景观意义的多样性。既不存在景观意义的范式，也不存在意义评价的原则和标准。景观的语义与审美主体的意识息息相关，不同的审美主体由于文化修养、社会阅历、知识背景、民族个性等因素的差异，对景观的认知、感悟和体会也不尽相同。而随着外部环境的改变，审美主体的观念和思想也在不断地发生变化，或许对景观的解读和体味会与之前相去甚远。换言之，审美主体在解读某一景观的过程中，对意义的阐释会受到习惯性的历史性的制约而产生偏离。传统观念下索然无味的景观，在当下可能成为某种时尚，而在若干年以后的未来或许又会获得新的诠释。当代景观不再刻意地追求意义的深度，但却更切实地满足了人类的生存需求和情感需要，更进一步体现出景观营造所追求的本质。

三、创造性的诠释

从埃森曼、屈米、摩弗西斯事务所、赛特事务所的那些形式怪诞、残缺不堪的建筑与景观表象中，我们可以体会到对严肃审美趣味的挑衅和嘲弄，以及一种非理性、反形式和反常规的美学。当代建筑和景观的美学精神具有同一性，对"现代性"的怀疑和批判的最终目的在于"创造"。解构主义是一种反抗现代主义文化的一种新的创造性的文化策略。① 大卫·雷·格里芬（David Ray Griffin）认为，后现代主义精神"是有关怀的，它反对任何假定的'大前提''绝对的基础''唯一的中心''单一的视角'，旨在向人类迄今为止视作究竟至极的一切东西挑战，其目的是为解放人们的思想，拓宽人们的视野，为人们争得自由。"②人类从本质上说是创造性的存在物，作为一个整体，最大限度地体现了创造性的能量。后现代思想家身体力行地在理论及实践中贯穿着可贵的创造精神。在德勒兹看来，哲学活动就是创造概念，哲学家的伟大之处即在于此。福柯也十分倡导创造，他认为生活本身即是创造，创造是生活真正的乐趣所在。在詹克斯看来，"创造性伴随着批判性的瞬间松弛，以便能超越眼前的藩篱，超越通常的范畴。"③创造性语言已成为当今全球化语境中一种世界性的语言自觉。科纳认为景观设计中的创造性被局限在解决环境问题，或停留在审美的表层，应通过创造实现人们对生活的多元追求。在他看来，景观设计学应与生态学创造性地联系起来，从而探索一种更有意义和想象力的文

---

① 万书元. 当代西方建筑美学新潮[M]. 上海：同济大学出版社，2012：96.
② [美]大卫·雷·格里芬（D. R. Griffin）. 后现代精神[M]. 王成兵，译. 北京：中央编译出版社，2011：10.
③ [美]查尔斯·詹克斯（Charles Jencks）. 现代主义的临界点：后现代主义向何处去？[M]. 丁宁，等，译. 北京：北京大学出版社，2011：260.

化实践。① MVRDV、BIG 等著名设计事务所，以及玛莎·施瓦兹（Martha Schwartz）、乔治·哈格里夫斯（George Hargreaves）等大师都极力推崇创造，并不遗余力地践行着创造精神。

第二节　景观美学范式的流变

古往今来，景观建筑与艺术的发展并行不悖。特定时期的艺术理念及审美范式的发展对景观的设计思潮及风格的形成有重要的影响。"范式既指一种世界观，又指这种世界观所蕴含的用以指导我们生活的伦理观。"②审美范式则是一种审美主客体相结合的世界观，反映出不同时代人的生存状态和审美诉求。意大利文艺复兴时期，由造型、光影、构图、色彩、笔触等因素构成的绘画艺术作品始终是视觉艺术的核心，画家、诗人和小说家通过绘画、雕塑、诗歌和著书立传等方式描绘世界和日常经验，讴歌自然和赞美生活，为当时的园林景观创作创造了良好的氛围。17 世纪，法国园林遵循中轴对称、秩序严谨、形态规则的形式美原则，并将其发展到极致。这是与当时法国推行的君主立宪制的社会背景密不可分的，以笛卡儿的理性主义哲学为思想基础的古典主义艺术以规则、秩序、等级、和谐、理性为美的终极目标，崇尚理性知识主义、社会道德主义及和谐秩序主义。英国 18 世纪的风景式园林受意大利风景画的影响至深，宽阔的草地、天然的植被、蜿蜒的道路都是对自然的最佳诠释。19 世纪以后，西方传统哲学美学观念受到挑战，"美"与艺术的关系逐渐疏离，传统意义上的"美"不再是艺术作品的必备条件。在科学技术、工业制造和资本主义市场经济的作用下，传统艺术和美学的话语构成法则逐渐解体，现代艺术通过对形式的肢解和符号的编码创造了抽象的艺术语言和审美形态。20 世纪下半叶，对艺术的探索则完全脱离了"美"的范畴，当代艺术审美范式的转变对景观形态的嬗变产生了直接的影响，"非美之美"的审美诉求是景观形态走向解构的根本动因。

---

① [美]查尔斯·瓦尔德海姆. 景观都市主义[M]. 刘海龙，等，译. 北京：中国建筑工业出版社，2011：56.

② [美]大卫·格里芬. 后现代精神[M]. 王成兵，译. 北京：中央编译出版社，2011：204.

一、"反美学"的滥觞

农业文明时期，西方人崇尚"神的意志"，以模仿与再现寻找美的本质；而东方人则推崇直觉感悟，塑造"似与不似"的意象，以表达自然之意蕴。在工业文明时期，科学技术伴随着资本主义市场经济飞速发展，西方现代艺术颠覆了传统艺术的话语构成原则，以符号的抽象表现建构了一个纯净的几何世界。后工业时代，西方后现代艺术则脱离了古典和现代艺术以"绘画"为中心的创作方式，转向对艺术"观念"及"精神"的思考，多样性、流变性、开放性和自组织状态成为设计形态的主流。中国自步入工业社会以来，美学观念及其发展始终在追随西方的脚步中亦步亦趋。因此，景观形态演变的深层原因是西方艺术及美学观念的嬗变。这也是当今全球化时代下多元化景观形态变化的主导因素。在此需强调的是，"美"只是艺术所涉及的诸多问题的方面之一，并不等同于艺术。艺术作为一门具有特殊表达方式的语言，具有摄人心魄的表现力和感染力。但是艺术所追求的终极目标并不仅仅是"美"，作为长期被哲学绑架的艺术，具有更深层次的意识形态色彩。时至今日，"美"已不再是艺术家的关注点，"真"或许比"美"更为重要。当代艺术家的角色不再是传统意义上观照作品的审美愉悦，而是思考"我们是谁、我们如何生活？"①

(一)现代艺术的审美范式

19世纪90年代，西方兴起了一场对文学、艺术、建筑、景观等领域影响颇深的现代主义美学运动。现代艺术的"抽象"(abstraction)形式是其重要的美学特征。现代艺术的源流可追溯到法国的印象主义时期，19世纪法国出现的印象主义、后印象主义和象征主义画派以反传统的鲜明姿态向古典艺术发难，标志着西方传统艺术的终结和现代艺术的滥觞。现代艺术始于一种"无意识的觉醒"。法国最著名的现代派诗人夏尔·皮埃尔·波德莱尔(Charles Pierre Baudelaire)认为"在无意识中，'所有既定的行为都变得混乱不堪，所有既定的观念都变得矛盾重重……与事实极度地纠缠在一起'，这表明无意

---

① ［美］阿瑟·C.丹托.美的滥用：美学与艺术的概念［M］.王春辰，译.南京：江苏人民出版社，2007：序.

识包括了'不同于我们这个世界的特殊秩序的能力和观念'"①。"美"的形象是注重生存感受和体验，而不再是现代艺术追求的最终目标。现代艺术反对"古典"艺术范式的理性主义逻辑，转向非理性、均衡性、自律性的表现，形成了一种新的艺术价值观念。

图 4-2　格尔尼卡(毕加索)

图 4-3　偏执狂的相貌(达利)

19 世纪末 20 世纪初，后期印象主义、野兽派、达达主义、象征主义、维也纳分离主义、立体主义、意大利未来主义、德国表现主义等现代艺术流派部分脱离了自然物象的具象形式，而采用了抽象形式和艺术语汇。尤其是以亨利·马蒂斯(Henri Matisse)为代表的野兽派和以保罗·毕加索(Pablo Picasso)、乔治·布拉克(Georges Braque)为代表的立体主义，挣脱传统绘画的樊篱，逐渐开始采用高度概括的抽象形式和富有表现力的色彩，对现代艺术的发展具有开创性意义。野兽派力求用创造性的构图形式反映内心的精神和情感。这种构图是一种抽象的表现结构，并非源自绘画对象，而是源自内心感受，给人以宗教般的宁静之感。立体主义作为 20 世纪具有影响的前卫运动，则极力拆解和破坏物质对象，探求时空中基本几何形式造型的表现方法，以突破常规的构图重塑现实。在立体主义绘画中，从不同视点观察到的对象在同一个画面中进行叠加组合，被肢解的视觉元素经过自由组合构成了一个新的不以再现对象为目的的画面结构。毕加索创作的《亚威农少女》(1907)标志着立体主义诞生。他曾言，立体派画家画的并非人所看到的东西，而是人知道会有的东西。立体主义是走向纯粹抽象表现主义的过渡形式，开启了现代艺术的形式的革命，其视觉透视和空间组织方式对现代景观设计产生了深远影响。园林中的轴线由单一走向复合，使空间相互渗透和叠加，形成了富有层次的空间效果。

---

① [美]卡斯比特. 艺术的终结[M]. 吴啸雷，译. 北京：北京大学出版社，2009：89.

　　1912 年，格式塔心理学（Gestalt Psychology）诞生。它以现代生理-物理学的实证主义方法论为基础，研究直接经验（意识）和行为，强调以整体的动力结构来研究心理现象。鲁道夫·阿恩海姆在《艺术与视知觉》（*Art and Visual Perception*，1998）一书中探讨了平衡、色彩、形状、光线、张力、运动等格式塔构成的各种因素，并强调了艺术构图中的"平衡"及作品中的"张力"。1914 年，英国形式主义美学家克莱夫·贝尔（Clive Bell）在《艺术》（*Art*）中，将艺术称作一种"有意味的形式"（significant form）。在他看来，形式的意味是一切视觉艺术的共同性质，具有一种唤起审美情感的特殊品质。他将线条和色彩等纯粹的形式因素所形成的关系和组合归结为"有意味的形式"。它可以让人类获得"终极现实"之感受，即隐藏在事物背后并赋予事物以某种意味的那种东西。他声称"意味"是非指称性的，与现实或对象世界无关。简化与构图是创造"有意味的形式"的基本途径，也是现代艺术创作的主要手段。20 世纪二三十年代，以恩斯特·卡希尔（Ernst Cassirer）和苏珊·朗格（Susanne K. Langer）为代表的符号论美学家将艺术视为纯粹的、抽象的符号形式，完成了美学领域的"语言转向"。他们将"符号"定义为普遍抽象的感性形式、有系统化的规则和结构。"符号形式"具有表现（expressive）、指称（representational）和意指（significative）三种可以逐级转换的功能。符号论美学从符号形式创造的角度将构成主义美学与表现主义美学相结合，西方美学从此将艺术作为符号形式的语言加以研究，艺术家也开始尝试从符号的形式语言角度来进行创作。

　　1916—1923 年，达达主义作为一种无政府主义运动出现了。达达主义者以极端的言语和活动强烈反抗一切传统的规则秩序，以发现真正的现实。他们对"古典"艺术过度的理性主义传统及逻辑秩序持以否定和嘲笑。他们宣称，作品的存在理由就是存在，其"背后"并无深层意义。达达主义者抛开历史的重负，强调作品形成过程本身的偶然性和不确定性，试图扼杀几千年来被人们视为正宗的"标准的美"，推动了后来行为艺术及偶发艺术的发展。达达主义颠覆了长期以来人们对于"艺术即是美"的固有认知，使人们对艺术的认知开始转向艺术哲学问题，为整个艺术发展的历程带来了翻天覆地的变化。

　　1919 年以后，受到精神分析学说的影响，以米罗（Joan Miró）和达利（Salvador Dalí）为代表的超现实主义试图从理性和程式的约束中解放想象或自觉，放任无意识，癫狂地批判现实和理性。"模拟疯癫是超现实主义者的生活方式。"①比利时超现实主义画家雷尼·马格里特（Magritte Rene）的作品中，采用视觉悖论的手法制造似与不相似的错觉游

————————
　　①　[美]卡斯比特. 艺术的终结[M]. 吴啸雷，译. 北京：北京大学出版社，2009：130.

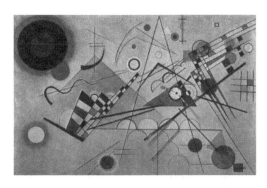

图 4-4　康定斯基作品

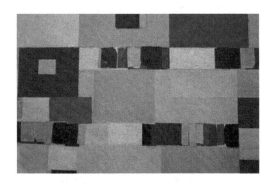

图 4-5　蒙德里安作品

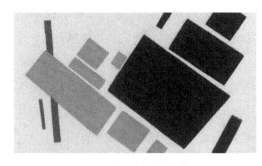

图 4-6　马列维奇作品

戏，正如福柯所言的"不同的语义在共舞"①的状态。超现实主义凭借想象和无意识极端地批判理性的现实，以探寻更具本质意义的现实。

继立体主义摆脱物质对象的羁绊而走向抽象形态之后，以瓦西里·康定斯基（Василий Кандинский）、彼埃·蒙德里安（Piet Cornelies Mondrian）和卡西米尔·塞文洛维奇·马列维奇（Kasimier Severinovich Malevich）为代表的抽象表现主义，用完全抽象的作品诠释了意识形态上的现代性，体现了一种自由的精神。康定斯基作为热抽象的代表，认为色彩、形式和声音可以代替物质对象而存在，这三种形式的自由组合使得作品的内在需要得以表现。他在《论艺术的精神》（*Concerning the Spiritual in Art*，1987）中深入研究了色彩与形式之间的关联。蒙德里安作为冷抽象的代表，舍弃了传统绘画中惯用的透视、体积、笔触等因素，而用直线、直角、矩形等几何抽象形式和红、黄、蓝三原色构建了纯平面的均衡画面。俄国前卫艺术家卡马列维奇是"至上主义"的代表，他用圆形、长方形等绝对的几何元素构成纯粹的抽象画面，并作为感情和精神的象征。在他看来，客观世界的视觉现象本身没有意义，

而感觉有意义，是艺术创造的内核。他所提倡的绝对几何抽象对俄国构成主义、现代主义以及极少主义都产生了极大影响，且成为现代建筑国际主义风格的雏形。此后，俄国构成主义、荷兰风格派都开始研究抽象的形式元素及其表现方式。哈迪德也深受其影

---

①　Michel Foucault. This is Not a Pipe［M］. James Harkness. Berkeley：University of California Press，1983：46.

响，创作了大量极具张力、漂浮不定关系复杂的空间形态。

美国的抽象表现主义艺术家以一种悲观的存在主义哲学为思想基础，以直觉和想象力为出发点，将艺术创作作为一种情绪宣泄的手段，用一种更有影响力的、冲破传统限制的美国式语汇追求"绝对的自由"。以杰克逊·波洛克（Jackson Pollock）、威廉·德·库宁（Willem de Kooning）为代表的"行动绘画"派（也称"纽约画派"）以即兴的、动感的、前卫的、自由的无形式创作方式表达对传统绘画的反抗。波洛克时常随机地进行构思、创作或绘画，他随意地将颜料泼洒在画面上，沉醉于偶然的、非形式的、表层性的游戏之中，试图消解艺术的定义。没有预设的结果，而是享受创作的过程，最终的画面效果往往在不经意间获得出其不意的效果。这与中国传统水墨画中的"泼墨"有异曲同工之妙，都是追求过程的随机性和自然的艺术效果。绘画的目的不再是再现自然，而是将创作过程本身视为艺术作品，以表达对现实世界的心

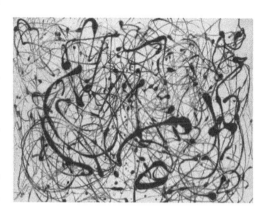

图 4-7　波洛克作品

理认知和情感体验。这种任意的、无意识的行为过程一方面表达出当代艺术家内心的焦虑和苦闷，另一方面也折射出他们崇尚自由、勇于创新的宝贵精神。以马克·罗斯科（Mark Rothko）、巴尼特·纽曼（Barnett Newman）、克利福德·斯蒂尔（Clyfford Stills）为代表的"色域绘画"派则另辟蹊径，用大色块平涂的方式描绘静态、纯粹、神秘的画面，有意识地处理画幅的边缘，从视觉上消除了传统画面特有的比例关系。由于排除了任何形式的联想并保持画面的纯粹性，使得色彩的精神得以爆发。抽象表现主义通过一种极端化的手段达到艺术家自我提升的目的，体现了美国当代前卫艺术家的社会观和美学观。但与此同时，抽象表现主义极端简化的形式和人情的冷漠也成为日后被抨击的对象。

纵观这些现代艺术思潮，无不具有反传统、反理性、反整体性的"现代性"特点。西方现代艺术产生于资本主义市场经济背景下，是西方社会政治、经济、文化等思想观念和价值取向的体现，也是依托现代科技和工业制造的、突破传统艺术的美学原则和审美标准的抽象表现和构成活动。从具象到抽象、模仿到表现，现代艺术在工业社会的改造中实现了形式语言的涅槃。20 世纪 60 年代，这种为艺术而艺术的形式主义探索达到高潮。然而，现代主义的文化形态逐渐背离了大众的精神生活。一方面，现代科技的高

度发达生产了大量的消费品，资本的自由运作使包括艺术在内的一切产品转变为商品；另一方面，数字媒体的高速发展，使电视、电影、广告、互联网等图像传播媒体充斥着人们的日常生活。因此，现代主义在深层次上是分裂的、自相矛盾的。现代主义艺术逐步沦为形式和语言的游戏，表现性、技术性、崇高性、功能性等本质特征日渐模糊，后现代艺术作为一场与社会发展同步的旷日持久的观念革命应运而生。

表 4-1　现代艺术与景观

时间	代表人物	代表作品	景观代表人物及作品	共性特征
19 世纪末印象派（Romanticm）	克劳德·莫奈（Claude Manet，1840—1926）	日出·印象	莫奈，莫奈花园（Giverny，1893—1901）	微妙的构图、光色的表达、调和的色彩、统一的形式
19 世纪末后印象派（Postimpressionism）	保罗·塞尚（Paul Cézanne，1839—1906）	静物	皮耶尔·奥古斯特·雷诺阿（Pierre-Auguste Renoir，1841—1919），克雷特庄园	形体概括、结构理性、色彩表现性强
19 世纪末 20 世纪初法国野兽派（Fauvism）	亨利·马蒂斯（Henri Matisse，1869—1954）	粉红色的裸妇	高迪（Antoni Gaudi，1852—1926），古埃尔公园	鲜艳的色彩，强调心灵的表达

续表

时间	代表人物	代表作品	景观代表人物及作品	共性特征
20 世纪初立体主义（Cubism）	巴勃罗·毕加索（Pablo Picasso，1881—1973）	亚维农的少女（1907）	詹姆斯·罗斯（James Rose，1913—1991），安尼斯菲尔德（Anisfield Garden）景观	交错的图形，多视点观察
20 世纪初抽象表现主义（Abstract Art）	瓦西里·康定斯基（Василий Кандинский，1866—1944）	黄·红·蓝（1925）	杰里科（Geoffery Jellicoe，1900—1996），朗特花园（Villa Lante）	神圣的构图，开创的精神
20 世纪初荷兰风格派（Neoplasticisime）	彼埃·蒙德里安（Piet Cornelies Mondrian，1872—1944）	百老汇爵士乐（1942）	门德尔松（Erich Mendelsohn，1887—1953），魏兹曼别墅（Weizmann Garden）	几何抽象的构图与空间

续表

时间	代表人物	代表作品	景观代表人物及作品	共性特征
20世纪初俄国至上主义（Suprematism）	卡西米尔·塞文洛维奇·马列维奇（Kasimier Severinovich Malevich, 1878—1935）	 白底上的黑色方块（1913）	 唐纳德（Christopher Tunnard, 1910—1979），本特利树林（Bentley Wood）住宅花园	几何抽象主义
20世纪初俄国构成主义（The Russian Constructivism）	弗拉基米尔·塔特林（Vladimir Tatlin, 1885—1953）	 绘画浮雕（1914）	 哈普林（Lawrence Halprin, 1916—2009），罗斯福总统纪念园（The FDR Memorial）	结构主义
20世纪30年代超现实主义（Surrealism）	胡安·米罗（Joan Miro, 1893—1983）	 小丑狂欢节（1925）	 阿尔托（Alvar Aalto, 1898—1976），玛利亚别墅（Villa Mairea）	有机形态和功能主义原则

（二）后现代艺术的审美范式

后现代艺术是信息时代的产物，商品、消费、技术、娱乐等大众文化的产品成为艺术品，折射出后工业时代的审美意识，具有多元化、通俗性、游戏性的特点。人们在享用科技带来的物质成果的同时，也被物质和技术所制约和控制。人们对现代主义的乌托邦理想心存失望、怀疑和焦虑，人文精神传统的萎缩和环境危机的现实使人们开始关注生存状态和生活环境。后现代艺术家以一种对现代主义的批判的姿态，试图与现代主义的精英意识和崇高美学彻底决裂，尤其是对个人主义和英雄主义表现极大的反感和质疑。就思维方式而言，后现代主义受西方现代美学理论、新马克思主义思潮和女权主义的影响，反对现代主义所倡导真理性和永恒性等一元论思维范式，强调非中心性、否定性、多元性、破碎性、反常规性、非连续性等与现代主义截然相反的思维观念。

后现代艺术否认艺术是"有意味的形式"，艺术与生活之间的差距模糊了，呈现出一种超越边界的开放姿态。后现代艺术家关注生存状态，消解了艺术与生活、艺术家与普通大众之间的鸿沟。纯粹的形式被瓦解了，"去中心"后的当代艺术呈现反艺术、反形式和反审美的荒诞景象。诸多艺术流派和形式如雨后春笋般涌现，如极简主义、波普艺术、行为艺术、偶发艺术、大地艺术等，通过对现代艺术观念的反叛表现当代社会生活的变化，形成了后现代艺术百花齐放的局面。

- **观念艺术**

后现代艺术中观念艺术的出现，使艺术创作的核心真正从物质形式转向了精神层面，使艺术成为思想的载体和媒介。当代资本市场的自由运作将艺术转换为商品，社会经济环境、审美诉求、价值取向的变化使当代艺术的创作题材、风格、样式以多元并存的面貌呈现出百花齐放的景象。以抽象表现主义为起点，在大众文化的影响下，后现代主义艺术从古典时期以来以绘画中心转变为对观念的关注。后现代艺术家从思维观念到创作手法，对功能性和秩序性提出深刻的质疑，试图突破一切价值标准和观念的束缚，以实验的方式开展了一场观念革命。传播媒体的泛滥使艺术品复制轻而易举，探索艺术作品内在意义的本源丧失。随着主体的衰落与作者的"死亡"，传统的形而上学得以崩溃和瓦解，精神和意义的缺失使后现代艺术沦为能指的游戏。

法国先锋艺术家马塞尔·杜尚（Marcel Duchamp）是推动现代艺术进入后现代艺术的重要人物，也是观念艺术的先驱。1917 年，他在公厕中随处可见的"现成品"小便器上

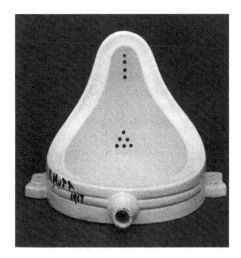

图 4-8　《泉》，杜尚

署名"R. Mutt"，将其作为艺术品并命名为《泉》进行展览，这种将现代主义艺术推向极端的做法引起了轩然大波。它被视为"反艺术"观念的代表作，标志着现代艺术从此迈入以观念为核心的后现代主义阶段。这种"现成品"创作方式将日常物品转换成为艺术即是将外观转化为概念，赋予物品以观念的过程。破除传统的形式主义审美趣味，将艺术作为表达"观念"的手段，从而直指哲学思辨和社会问题，彻底改变了艺术的发展方向。杜尚开启了"观念至上"的历史，"观念即艺术"成为后现代艺术家普遍推崇的信条。观念艺术是以观念为出发点的艺术，通过艺术表达观念。自此以后，艺术摒弃了作茧自缚的形式本体，以观念话语阐发自身的逻辑和价值，呈现出一种良莠不齐的"无政府状况"。

黑格尔最早在海德堡大学的《美学演讲录》(或译为《美学》)中提出"艺术的终结"观念，指出当时的艺术和文化状况和思想体系方面的"内在矛盾"使现实的艺术走上了终结之路，并预言艺术会逐渐丧失真理和生命而日渐式微。但他对艺术的扼杀并未超越传统的思想意识范畴，真理的绝对地位始终具有不可撼动性。1984 年，阿瑟·丹托(Arthur C. Danto)发表《艺术的终结论》(The end of Art)一文，声称："在今日，可以认为艺术界本身已丧失了历史方向……由于艺术的概念从内部耗尽了，即将出现的任何现象都不会有意义……从这种意义上说，艺术的时代已从内部瓦解了。"①在丹托看来，马克思和恩格斯曾设想的"历史的终结"已变为现实。人类已步入多元主义时期，人人都可以成为艺术家，并能以任何方式进行艺术创作。黑格尔和丹托对当代艺术阐释角度不同，但都表达出艺术终将被哲学取而代之的未来图景。后现代艺术体制的急剧变化使人们意识到"艺术终结论"并不是虚妄的预言，而是西方社会发展到一定阶段的必然产物。

20 世纪 60 年代，美国的极简主义艺术(Minimal Art)流派在大量绘画和雕塑中用极尽简单的造型达到"纯粹抽象"，反映出艺术家对形式背后的思想观念、生活和社会秩序的渴望和追求。极简主义艺术家常用不锈钢、电镀铅、玻璃等工业材料和现代机器生产中的技术和加工方法，用简单的几何形体和黑、白、灰等简单色彩，构成简约的工业

---

① ［美］阿瑟·丹托．艺术的终结［M］．欧阳英，译．南京：江苏人民出版社，2005.

化结构，以重复、系列化，或等距、代数、几何倍数关系递进的方式摆放物体，雕塑直接放在地上或靠在墙上与环境对话，而摒弃了基座和框架等多余物件。他们认为，艺术应追求一种现实生活中的理性秩序和严密概念，并且排除任何现实的经验和情感。从形式上看，极简主义作品看似抽象艺术或现代艺术。但就观念而言，它对于后现代艺术同样起到了重要作用。既不同于形式主义处理材料的方式，也不同于波普艺术与现代主义立场进行直接决裂，极简主义艺术家尽可能地削弱甚至清除材料的表现力，使艺术最终摆脱形式的束缚而走向观念。在极简主义作品中，难以找到任何情感的表现或者艺术家个性的痕迹，极简的形式是对艺术的本质、功能和本质提出的挑战。尽管在外观上具有某些相似，但其语义截然不同。首先，极简主义是一种非表现性的艺术。作品在独立封闭的自我完成体中依靠极尽简约的形式产生对观众的冲击力，既不表现也不再现。其形体本身是一种去除了任何细节的本质存在，所传达的不是抽象，而是绝对。其次，极简主义追求普遍性而非独特性。极简主义艺术家认为，人的主观创作使作品的艺术表现远离了对象所固有的真实性，因此主张艺术家创作时应尽可能降低个人的主观判断，从而发掘事物本质的美，这种美是剥离了艺术家个人情感或个性的"普遍"的美，摒弃了事物外在的一切偶然因素。再次，极简主义表达了对浮躁社会现实的反叛。在极简主义艺术家看来，极简的形式是现实生活内在规律的真实写照。在大众媒体和商业文化泛滥的生存环境中，主体性和独特性被夸大其词，真实的生活和社会秩序才是人所渴求的。

观念艺术是西方后现代社会的重要表征。艺术家重视对观念的表达，而不再热衷于追溯作品的深层含义。杰姆逊认为，后现代艺术审美意义深度的消失使得作品呈现出一种平面化的状态。能指与所指、现象与本质、现实与虚构之间的二元对立被消除了，所指、本质和真实的主导地位被消解，而逐渐走向能指、现象和虚构。随着历史和时间的消失，传统的线性历史观被割裂，历史成为零散的片段。人的中心地位丧失，主体被拆散为零散的碎片。各种文化碎片杂交而成的零散的后现代艺术文本，打破了传统与现代、高雅与通俗、中心与边缘、前卫与低俗等传统文化语境中二元对立的概念体系，在多元文化和媒介的浸透下成为混杂、折衷、开放的观念艺术。

- **时尚艺术**

20 世纪 50—70 年代，波普艺术在英美盛行，与流行的大众文化并行发展。美国商业化的社会现实成为波普艺术的沃土，"流行的""瞬时的""可消费的""机智的""性感的""狡诈的"等商业词汇成为波普艺术的标签。波普艺术家运用艳丽的色彩、现成品的重组等夸张的艺术手法创作通俗喜剧、海报和披头士，作品呈现出平面化的既视感、断裂化的杂乱感、零散化的随意性以及机械化的重复性。这些极端商品化、生活化和工业化的作品诠释了无风格、无深度的平面美学，极力表现现代机器文明主导下艺术家自身精神空虚的、无意识的混沌状态。他们认为日常所见的任何事物都可用作创作材料，经过拆解、重组、并置、拼贴等手法使事物的功能发生转变，从而激发事物内部潜藏的、被忽略的美感，原本平常的日用品转变为艺术，艺术与生活之间的鸿沟随即消失。

　　1964 年，著名的美国商业艺术家安迪·沃霍尔（Andy Warhol）"从当代抽象绘画中吸取了风格范式"（paradigm）①，举办了一个"布里洛（Brillo）盒子"展。他用工业胶合板板仿制了一批从超市买来的肥皂包装纸盒（布里洛盒），肉眼无法分辨其差别，并将其单独放置或叠置进行展览。丹托受到震撼，不禁思考："什么使得它在一个特定历史时刻，当它不可能在更早的时候获得这一身份时可能成为艺术品。至少，在最一般的哲学层面上，它提出了问题，即它的历史状况对一件物品作为艺术的地位贡献了什么？"②他

图 4-9　玛丽莲·梦露（沃霍尔）

以"为什么沃霍尔的盒子是艺术品"③这个基本命题为其艺术哲学的基础，并阐发了艺术作为观念的普遍性和永恒性。此外，沃霍尔还善于将大众所熟悉、热爱的伊丽莎白·泰勒（Elizabeth Taylor）、玛丽莲·梦露（Marilyn Monroe）、埃尔维斯·普雷斯利（Elvis Presley）等名人照片进行再创作，获得与众不同的戏谑效果。在其代表作"玛丽莲·梦露"中，他将梦露这位知名的好莱坞悲剧人物为创作题材，用明度和纯度都很高的红、黄、蓝、紫色等鲜艳颜色描绘其头像，获得了一种莫名的、使人印象深刻的喜剧效果。

　　波普艺术通过对商品社会和消费文化的敏锐嗅觉来解构艺术的高贵气息，以风格的自否实现了艺术与生活的融合。波普艺术家对理性社会逻辑秩序的怀疑和对陈旧艺术形式的不满，其根本出发点是反资产阶级理性文化本体，试图利用文化理论建构一个新的

---

① ［美］阿瑟·C. 丹托. 美的滥用：美学与艺术的概念［M］. 王春辰，译. 南京：江苏人民出版社，2007：序.
② ［美］阿瑟·C. 丹托. 美的滥用：美学与艺术的概念［M］. 王春辰，译. 南京：江苏人民出版社，2007：序.
③ ［美］阿瑟·C. 丹托. 美的滥用：美学与艺术的概念［M］. 王春辰，译. 南京：江苏人民出版社，2007：3.

文化和主体意识。艺术风格植根于社会精神，艺术从现代主义到后现代主义风格的转变，昭示了西方意识形态的深刻变革。

图 4-10　博伊斯作品

以德国前卫艺术家约瑟夫·博伊斯（Joseph Beuys）为代表的激浪派（Fluxus）与波普艺术共同发展。激浪派无统一风格，艺术家擅长通过舞蹈、电影、诗歌、音乐、出版物等形式打破艺术和生活中既定的规律和秩序，使艺术融入生活、回归生活。博伊斯是善于用各种综合媒材进行艺术创作的高手，他通过艺术来表达信仰，反对暴力、追求和平，力求重建人与人、物及自然之间的和谐关系。他使用动物、毛毡、油脂、蜂蜜等颇有历史感和象征意义的废弃材料，运用含混不清、无所不包的艺术语言营造一种凝重悲凉的气氛，值得发人深省。另一位特立独行的德国当代艺术家安塞姆·基弗（Anselm Kiefer），是博伊斯的学生。他完全突破传统绘画的形式，运用泥土、沙子、木屑、树枝、稻草等自然材料，混合乳胶、紫胶、丙烯、油彩、油漆、金属、玻璃等材料，厚重地堆砌在画面上打底。然后，使用纸张、衣服、飞机残骸等"废弃物"压刻出车轮印、划痕、脚印等"踪迹"，形成清冷的色调和厚重的肌理感。他尤其喜欢使用铅，并称其为"唯一足够承载人类历史重量的物质"。其作品主题晦涩且饱含诗意，具有很强的延展性，蕴含着痛苦无奈与追索意味的历史感，因此被誉为"成长于第三帝国废墟之中的画界诗人"。

"时尚是社会消费的产物和兴奋剂。"①它是一种时代的标签，刺激消费者不断跟风式地购买新的、也许并不"美"的畅销品，抛弃过时但仍具有实用功能的物品。时尚注

---

① ［加］汤姆·威尔伯斯. 参数化原型［M］. 刘延川，徐丰，译. 北京：清华大学出版社，2012：39.

图 4-11　基弗作品和局部

重表面效果，促使装饰成为经济的媒介，引起了创作手段和材料的变革。后现代艺术家借用各种图像、文字、影像、身体、行为等多种媒介和材料进行艺术创作，照片、摄影、电影、电视及商品生产为大批量复制，即根据原作制造摹本提供了便利，形成一种超越了真实生活的时尚。各种异质材料具有不同的象征意义，以此来表达对政治、历史、文化、性别、种族、环境等社会诸多方面的看法和见解。传统美学中审美尺度的距离感随之消失了，后现代艺术与日常生活互置重叠并逐步趋同于生活。

- **身体艺术**

20 世纪 70 年代，行为艺术开始在欧美各国风行起来并延续至今。1909 年，菲利波·托马索·马里内蒂（Filippo Tommaso Marinetti）在《未来主义宣言》（*Futurist Manifesto*）中宣称艺术是日常生活的外延，观众通过身体直接参与艺术创作的过程。未来主义和达达主义是催生行为艺术的动力源泉。1936 年，包豪斯学派艺术家沙文斯基（Xanti Schawinsky）和约瑟夫·艾伯斯（Josef Albers）将各种素材和形式应用于音乐和舞蹈中，强调以"行为"为主导的"日常的真实状态"。他们开创的"舞台研究项目"也为行为艺术的风靡起到了推波助澜的作用。行为艺术中，环境是不断变化的，身体的行为是即兴的、偶然的，构建了完整的艺术体系。丰富多彩的行为艺术回归身体进行艺术创作，至今仍是当代艺术中举足轻重的艺术形式之一，其最终目的是要打破艺术和生活的界限，通过身体艺术语言来实施行为过程，使生活化为艺术。

- **大地艺术**

20 世纪 60 年代，以"回归自然"为宗旨的大地艺术形成了一股反工业化和反都市化的美学潮流。以罗伯特·史密森（Robert Smithson）、米歇尔·海泽（Michael Heizer）为代表的艺术家不满小尺度幅面及雕塑表现手法的局限性，追求更贴近自然、非商业化操作的艺术实践，以地表、岩石、土壤为材料开始了描绘大地的实践。土地是大地艺术创作的基底，艺术作品本身是展示的场所与内容。他们用掀开、切片、挖掘、雕刻、移植、替换等手法进行创作，将场地、景观和建筑相融合，史密森（Robert Smithson）的"螺旋形防波堤"（Spiral Jetty）等作品为当代建筑与景观营造中的"地形拟态"手法提供了借鉴。大地艺术家将自然视为一切事物的源泉，因此创作中尽可能地保持自然的原生态。大地艺术自20世纪90年代以来开始走向城市，艺术家将建筑还原为大地景观，以表达对历史和人生的思考。作品具有大尺度的视觉观赏效果和非同寻常的空间体验。景观艺术的内涵在人与环境的关系之中得到体现，与自然的共生结构蕴含着鲜明的生态主义思想。自然要素构筑的雕塑景观与大地融为一体，消解了建筑、景观与环境之间的界限。当代景观作品尽可能地减少对环境的影响，其视觉形态也愈发趋向于大地艺术。

哈布·哈桑（Ihab Hassan）认为，后现代主义意味着多元化时期敏感的碰撞。后现代艺术是流行文化的一种外在表现，"孕育着华丽、壮美、铺张、模仿和自我模仿，这种自我模仿具有一种哲学内涵，意味着流行文化是一种世界观、一种宇宙论、一种诗学"①。不仅是观念、材料、身体和自然的艺术，更是生活的艺术。后现代艺术家们试图完全背离传统的具象形式而建立纯粹抽象的形态语言，以表达生活的本质和追寻生存的意义。在后现代艺术美学中，生活即是艺术。它反对现代性的普遍、必然、秩序、中心、价值、客观、确定、封闭、统一、整体，反对任何具有本质主义的趋向或因素，消解了传统的美学观念。形态的破碎、杂乱、分裂、扭曲、变异反映出了一种"非美之美"的审美诉求，具有非理性、差异性、偶然性、不确定性、独特性、碎片、多元、混沌的特征。杰姆逊评价其彻底改变了古典艺术符号中能指和所指关系，它是极度"真实"的，是对现实生活的一种有力回应。他指出："'拟象'的广泛蔓延"是后现代主义艺术区别于现代主义的重要方面。"这些现代艺术家采用英雄主义的、类似于超人的角色，该角色重新发现人性的本质，超越一切混沌来探寻终极价值观，并以不凡的方式填补'后尼采式的虚无'。"②

---

① ［澳］约翰·多克尔（John Docker）. 后现代与大众文化［M］. 王敬慧，王瑶，译. 北京：北京大学出版社，2011：导论.
② ［美］吉姆·鲍威尔. 图解后现代主义［M］. 章辉，译. 重庆：重庆大学出版社，2015：13.

图 4-12　后现代艺术作品(摄于巴黎蓬皮杜艺术中心)

　　后现代艺术作品具有明显的解构特征,无中心、间断、差异、模糊、多元、弥散、反讽的语言摒弃了艺术表达的传统逻辑,呈现出含混、抽象、游戏、荒诞的生存现实。其中所传达的是由一种普遍的价值虚无的历史处境所引发的当代人对于艺术和审美的吁求。这种情况当然不只限于西方,所有当代人都面临一个新的完全不同于昨天的世界,都面临着陈旧价值观念的丧失以及新型价值观念亟待建立。当代人对艺术和审美的追求是对艺术本体论以及人的存在价值的重新定义,它所指向的是一种更加本真的人类理想的生活现实。

表 4-2　当代艺术与景观

时间	代表人物	代表作品	景观代表人物及作品	共性特征
20 世纪 40—60 年代美国抽象表现主义 (Abstract Expression)	杰克逊·波洛克 (Jacks Pollock, 1912—1956)	蓝色的极点(11 号)(1952)	布雷·马克斯(Roberto Burle Max),科帕卡巴纳海滨大道	以直觉和想象力为出发点,强调纯粹的视觉体验

续表

时间	代表人物	代表作品	景观代表人物及作品	共性特征
20 世纪 50 年代中期波普艺术（Popular Art）	理查德·汉密尔顿（Richard Hamilton, 1922—2011）	 到底是什么使今日的家庭如此非凡迷人（1992）	 玛莎·施瓦兹（Martha Schwartz, 1950— ），面包圈花园	通俗性、消费性、大众化
20 世纪 60 年代美国极少主义（Milimalism）	唐纳德·贾德（Donald Jucid, 1928—1994）	 无题	 彼得·沃克（Peter Walker, 1932— ），9·11 国家纪念公园（2011）	造型简练、色彩单纯、空间纯净
20 世纪 60 年代观念艺术（Idea Art）	约瑟夫·科苏斯（Josef Kosuth, 1945— ）	 一把和三把椅子（1965）	 托尼·海伍德（Tony Heywood），螺旋滑梯花园（2008）	摆脱传统的内容和形式，探索未知的精神世界
20 世纪 70 年代图案与装饰艺术（Design and Decoration Art）	罗伯特·库什纳（Robert Kushner, 1949— ）	 芍药花缎（2011）	 汤姆·斯图亚特——史密斯（Tom Stuart Smith, 1961— ），洛朗-佩里耶花园	不同文化元素的拼贴和组合创造炫目的效果，表达热烈的情感

二、美的消解

格里芬提议:"把20世纪末定位为现代世界的历史终结。"①意指以西方北大西洋国家为中心的现代文明已经终结。他声称:"在接近20世纪末期的时候,我们以一种破坏性方式达到了现代想象(modern imagination)的极限。现代性以试图解放人类的美好愿望开始,却以对人类造成毁灭性威胁的结局而告终。今天,我们不仅面临着生态遭受缓慢毒害的威胁,而且还面临着突然爆发核灾难的威胁。与此同时,人类进行剥削、压迫和异化的巨大能量正如洪水猛兽一样在三个'世界'中到处肆虐横行。"②他强烈地批判以人类中心主义为核心的价值观。能源枯竭、资源破坏、环境恶化……人类在不惜一切代价过度地满足自身膨胀的欲望之后,不得不面对这些遗留下来的、抑制人类未来发展的现实问题。人们开始反思"以人为本"的各种弊端,寻求新的策略和手段来弥补自身的过失。

与此同时,随着经济全球化和文化多元化的发展,当代的审美观念基于审美对象、主体及时空的变化,始终处于不断变化的过程中。绝对抽象的、永恒不变的真理标准被消解了,再也不存在放之四海而皆准的审美标准。面对生态环境危机日益严峻的现实,人们不得不反思人、自然与社会三者之间的关系,景观美学取向呈现出向自然美学回归的态势,自组织演化成为当代景观形态演变的重要特征。诚如新自然主义美学的代表托马斯·门罗(Thomas Munro)所言:"这些年来,'美''美的'等词已不受欢迎了。这些概念已不再在美学中占据中心和主要地位,它们很少出现,即使出现也常用在某种嘲笑的方式上。解构、反讽、对经典的颠覆……美以及传统的所谓'美学范畴'——重构、秀雅等已完全不适用了。"③

(一)美学的哲学基础

"美"是一个十分复杂而模糊的形而上学概念,自古希腊建立以"崇高"为"美"的审美标准以来,到启蒙主义运动将"美"置于至高无上的地位,"美"基本上是与"舒适"

---

① [美]大卫·雷·格里芬.后现代精神[M].王成兵,译.北京:中央编译出版社,2011:73.
② [美]大卫·雷·格里芬.后现代精神[M].王成兵,译.北京:中央编译出版社,2011:74.
③ 徐千里.建筑的存在方式及其美学涵义[J].华中建筑,1998:46.

"愉悦""趣味""快感"联系在一起的。毕达哥拉斯(Pythagoras)提出的"黄金分割"比例一直被视为审美的黄金法则。柏拉图提出"美是理式",世界是由艺术世界、现实世界及理式世界组成的。艺术世界模仿着现实世界,现实世界模仿着理式世界,理式世界是真理,因此艺术是真理影子的影子。他架构了西方古典主义哲学建立在"模仿"基础上的美学理论框架。康德奠定了古典美学的基础,将美作为"道德的假设,生动而诗意地呈现了道德观念"。从德国古典美学、马克思主义美学、到近现代美学,西方美学大致经历了从自然本体论、认识论、社会本体论、现代主义到后现代主义的演变过程。相应地,美学思潮也逐渐由人文主义、科学主义、向生态主义方向发展。

由理性向非理性转换是 20 世纪美学最显著的特点之一。20 世纪初期,路德维希·约瑟夫·约翰·维根斯坦(Ludwig Josef Johann Wittgenstein)反对给"美"和"艺术"下简单定义,强调审美活动及背景的复杂性。存在主义美学的代表人物海德格尔的《存在与时间》(*Sein und Zeit*)和让-保罗·萨特(Jean-Paul Sartre)的《存在与虚无》(*Being and Nothingness*)是 20 年代两部经典著作,主要探究个人的内心世界和超然的外在世界。海德格尔指出,存在首先是人的存在。美是真理作为无遮蔽状态而发生的一种方式。艺术的存在决定了艺术作品和艺术家的本质,但作品又有自身存在的独立性,必须通过读者的想象和参与创造才能显现。由于艺术作品是一种非现实的意象,需借由想象而成为真正的审美对象,并与现实的事物相区别。艺术要透过事物的现象再现事物的本质。艺术作品不是对事物的简单模仿,而是重新认识和把握世界的一种自由创造。艺术应介入生活,成为人追求自由的一种表达,而绝非为艺术而艺术。20 世纪的哲学有个突出的特点,即存在主义美学所表现出的"语言转向"。

与此同时,以艾弗·阿姆斯壮·理查兹(Ivor Armstrong Richard)为代表的语义学美学,开启了美国文学批评的新批评流派。他将"美"的用法归结为 16 种类型。他认为,美的概念之所以含混不清,是因为没有将美的理性和感性用法区分开来。"美"是一种表达情感态度的语言,因此没有必要对"美"下明确的定义。这种观念正显示出"语言转向"对美学所产生的影响。

20 世纪 40 年代,恩斯特·卡西尔(Ernst Cassirer)到苏珊·朗格(Susanne K. Langer)的符号论美学,提出艺术表现的是人类的普遍情感,艺术符号的目的在于传达深层的人类经验。法兰克福学派(Frankfurt School)极力批判工具理性,西奥多·阿多诺(Theodor Wiesengrund Adorno)指出:"理性指向人类自我保存的作用,会出现同样必然的、却同样是危险的作为工具的僵化现象。"他倡导一种剥离了所有实用目的的艺术,并将艺术作为一种抵抗的手段。他宣称，艺术是启蒙的产物，人类文明的历史也是艺术由盛而衰的历史。赫伯特·马尔库塞(Herbert Marcuse)认为，理性长期以来压抑着审美活动的感性内涵。审美活动的解放化解了理性的统治地位，使人的压抑得到解放并获得自由。美学的感性精神能够激发艺术中的审美力量，拯救极端物质化的资本主义世界。

总体而言，20世纪西方美学具有反古典主义美学的思辨和理性色彩，崇尚非理性主义。随着20世纪60年代以来的文化与民主革命的发展，这种非理性进一步向极端化的趋势演变。稳定的、秩序的、均衡的、连续的美学理想及一成不变的公式、标准、原则和逻辑规律逐渐式微，沃纳·卡尔·海森堡(Werner Karl Heisenberg)的不确定性原理(uncertainty principle)、汤姆(Renè Thom)的突变理论(catastrophe theory)、伊利亚·普里高津(Ilya Prigogine)的耗散结构理论(dissipative structure theory)、赫尔曼·哈肯(Hermann Haken)的协同论(synergetics)、亨德里克·安东·洛伦兹(Hendrik Antoon Lorentz)的混沌理论(chaos theory)、保罗·鲁道夫·卡尔纳普(Paul Rudolf Carnap)的容忍原则(tolerance principle)、让-弗朗索瓦·利奥塔(Jean-Francois Lyotard)的悖谬逻辑(paralogy)等美学研究你方唱罢我登场，深入探讨不稳定、混沌性、无序性、不连续性的现象，以及非决定论过程和自我组织的结构，其主张的共同点在于承认差异，主张多元化、变革与创新。从本质上看，后现代美学反二元对立、反"客观"真理、反宏大叙事、反普遍的必然、反价值中立等，其实质是倡导一种自由的创造精神，生态美学已逐渐成为当代西方美学研究的中心，构建了全新的审美理论。

(二)环境哲学美学的兴起

自20世纪60年代起，西方学者对传统分析美学进行了深刻反思，环境哲学、环境美学、环境设计，尤其是景观生态学和环境伦理学的相关研究逐渐兴起。环境美学和景观美学的概念相近，都是研究自然审美问题。"环境"一词突出了环境的非对象化特征，而"景观"一词则突出了其作为美学的研究对象。我们时刻身处环境之中，永远无法置身于环境之外来审视环境。"环境"相对于"景观"的词义更显其非对象化的特征，且其中隐含着理解事物的方式。在哲学美学家看来，对环境的思考将会改变人们主客二分式的思维习惯，因此他们偏爱用"环境美学"的称谓。换言之，西方关于环境美学的研究基本等同于景观美学的研究。① 随着当代环境问题的凸显，西方有关环境(景观)美学的

---

① [美]史蒂文·布拉萨.景观美学[M].彭锋，译.北京：北京大学出版社，2008：3.

研究长期以来呈现出相当热门的状态。

1960 年，牛津大学《英国美学杂志》(*British Journal of Aesthetics*)创刊，旨在讨论和研究西方前沿的美学和艺术哲学问题。1962 年，美国海洋生物学家雷切尔·卡逊(Rachel Carson)撰写的《寂静的春天》(*Silent Spring*)是环境美学的里程碑式著作，一经问世，便引起了世界范围内对环境问题的广泛关注。1966 年，罗纳德·赫伯恩(Ronald Hepburn)发表论文《当代美学及自然美的遗忘》，标志着西方环境美学的滥觞。文中指出，自然鉴赏作为与艺术鉴赏截然不同的审美模式，是一个开放的、客观的、科学的、综合的多层结构。在随后发表的《景观和形而上学的想象》《自然审美鉴赏中的琐碎与严肃》等论文中，他阐述了自然模式、想象模式的特征以及与审美鉴赏的内在关系。西方现代美学的主要审美模式是"分离"模式。康德将其表述为"无利害的静观"，即审美对象与审美主体完全分离的审美模式。这种方式用远距离的、客观而带有科学色彩的眼光来看待自然，其美学的基础是在自然与艺术之间建立某种联系，以"画境"来界定自然景观的美学价值。然而，对于置身环境中的人而言，这种模式似乎只是理想的乌托邦。

20 世纪 70 年代，《环境伦理学》的创刊标志着环境哲学学科的建立。环境美学的代表艾伦·卡尔松(Allen Carlson)从建筑、园林、景观和艺术等多重视角，将生态学视野引入美学，并发展了自然鉴赏中的科学认知途径。他提倡基于自然科学的环境审美模式，反对环境美学的形式主义倾向，对于研究环境美学的产生、发展和演变具有重要的文献价值。著名哲学家、国际美学学会前会长阿诺德·伯林特(Arnord Berleant)与卡尔松的看法极为相似，主张自然审美是一种开放的、参与的身体体验，提倡环境美学的核心要义是对自然生态环境的美学思考。在其代表作《艺术与介入》(*Art and Engagement*, 1991)一书中，他提出"审美介入"(asthetic engagement)的观点，以区别于现代美学所倡导的"分离"审美模式。他倡导积极地融入自然，注重审美主客体之间的互动和交融，环境美学的"介入"审美模式已成为当代美学思想的主导潮流。他否定二元论，提出一种全新的自然观——"自然之外并无一物"，强调连续性、多元化、平等性以及语境的重要性。他在《环境美学》和《生活在景观中：走向一种环境美学》中，基于哲学的视角，重新界定环境并发掘其美学内涵，从抽象理论和具体情境层面阐发人与自然之间不可分离的关系。美国哲学家约翰·杜威(John Dewey)也指出，康德所谓的与日常经验相脱离的审美经验事实上根本不存在，因而提倡"介入"的审美模式。20 世纪 70 年代中期，非人类中心内在价值论者霍尔姆斯·罗尔斯顿(Holmes Rolston)提倡"自然内在价值论"，考利科特(J. B. Callicott)提倡主观非人类中心价值论。在他们看来，大自然的内在价值不依赖人的价值评判而客观存在，其生态系统中的个体通过对环境的主动适应来求得自身的生存和发展，形成了一个复杂、多元、协同、竞争的演进系统。

20 世纪 80 年代，《生命的解放》(*The Liberation of Life：From the Cellto the Community*，1981)、《环境问题的伦理学》(*The Ethics of Environmental Concern*，1983)、《伦理与环境》(*Ethics and the Environment*，1983)、《尊重自然》(*Respect for Nature：A Theory of Environmental Ethics*，1986)、《哲学走向荒野》(*Philosophy Gone Wild：Essays in Environmental Ethics*，1986)、《为何要保存自然的多样性?》(*Why Preserve Natural Diversity?*，1988)、《地球的经济》(*The Economy of the Earth：Philosophy，Law，and the Environment*，1988)、《环境伦理学的基础》(*Foundations of Environmental Ethics*，1989)、《地球伦理季刊》(*Earth Ethics Quarterly*，1989)、《捍卫大地伦理》(*In Defense of the Land Ethic*，1989)等重要著作问世，人们开始重视人与环境的关系问题，标志着环境哲学的发展进入关键的转折期。1990 年，国际环境伦理学学会(International Society for Environmental Ethics)成立。1992 年，《环境价值》(*Environmental Values*)在英国创刊，极大地推动了环境哲学的发展。芬兰美学家阿尼·肯纽恩(Aarne Kinnunen)提出"肯定美学"(positive aesthetics)的概念，肯定了自然的审美价值，强调自然至上的原则和自然的本质美感。肯定美学将自然中的一切视为完美的，只有人的参与破坏，才会产生"丑"的概念。它要求景观受众以抽象雕塑为范式，去感受和提取自然中的某些形式特征。在卡尔松看来，肯定美学对于自然美学的论证是不可靠的。无论是康德的"无利害的静观"的对象模式，还是肯纽恩的"肯定美学"的景观模式，与其被称为审美模式，不如说是哲学模式更为贴切。由于它们都忽略了人在观景过程中的个人经历和知识结构对审美结论的重要意义，直接导致综合人类知识和经验的自然环境审美模式的诞生。

自然环境审美模式将自然美学视为重建人与自然和谐关系的重要途径。环境美学家们重新认识了人与自然、审美与伦理、自然审美与艺术审美之间的关系，反思和批判了传统自然美学中的人类中心主义观念，并强调环境伦理观和自然鉴赏模式。著名环境美学家约·瑟帕玛(Yrjo Sepanmaa)认为"美的哲学""艺术哲学"和"元批评"①是美学的三个主要传统。她在《环境之美》一书中从分析哲学的基础出发，系统地勾勒了环境美学领域的理论和实践基础。史蒂文·布拉萨教授(Steven C. Bourassa)认为人是环境的一部分，只能采取介入模式来欣赏景观。他所著的《景观美学》一书不仅从哲学的高度探讨

---

① ［芬］约·瑟帕玛(Yrjo Sepanmaa). 环境之美[M]. 武小西，张宜，译. 匡宏，校. 长沙：湖南科学技术出版社，2006：3.

了景观的审美对象和审美经验，而且从"生物法则""文化法则"和"个人策略"①三个方面提出了景观审美的理论框架。道格拉斯·珀特斯（J. Douglas Porteous）在《环境美学：理念、政治和规划》一书中用定性分析的方法指出共时性的审美体验依赖于历时性的历史和文化语境。杰伊·阿普拉顿（Jay Appleton）在《景观的体验》一书中提出"瞭望-庇护"理论，从生物学的视角揭示了自然环境中的诸多景观感知现象。马克·萨格夫（Mark Sagoff）、波林·凡·堡斯多夫（Paulilne von Bousdorff）、斯蒂芬妮·罗斯（Stephanie Ross）、诺埃尔·卡罗尔（（Noel Carroll）、玛拉·米勒（Mara Mider）等学者也陆续在专著中探讨知识、情感、想象等范畴在自然鉴赏中的作用。自然鉴赏模式循着多元化的路径得以发展，自然美学领域的研究亦如雨后春笋般涌现。美国著名的设计理论家维克多·巴巴纳克（Victor Papanek）在《为真实的世界设计》一书中肯定了设计师的社会及伦理价值，提倡设计应为广大人民服务，解决人类面临的最紧迫的资源使用和环境保护问题。尽管该书颇具争议，然而却触发了以环境伦理观为思想基础的绿色设计潮流。生态主义思想的兴起使人类开始重新遵循自然的发展演化规律，注重可再生资源的利用，使人与自然的关系由紧张趋于缓解。彼时，当代景观美学转向了生态美学的新维度，将世界视为生命体之间，以及生命体和物质环境之间相互依存的深层结构整体。生态美学以混沌和复杂性理论为思想基础，借用科学的手段导向景观的存在本体。

与理论研究相同步，环境美学的兴起，使当代景观设计实践也呈现出明显的自然美学倾向。"地形拟态"是一种常见的设计手法，通过折叠地表产生连续的、多变的、流动的、偶发的、自相似的空间形态，不仅打破了西方传统观念中建筑和环境的对立关系，以人工化的建筑形态强调和表现基地周边环境的某些特性，使异质因素趋于相似和融合，而且促进了户外公共活动空间的社会与文化交流。当代景观中的地面已经超脱了物理意义的实体存在而成为一种重要的交换媒介，在自然界中各种物质因素和能量交汇作用下形成了独立的动态系统。斯坦·艾伦（Stan Allen）将地表视为有厚度的平面，并提出"增厚"（thicken ground）的概念，将多维空间的形态整合，构建立体化的空间层次。组织和串联场地中分散的事件与活动，创造互通、联动、共融的多层次交流平台。在美国布鲁克林植物园中，从植物园山坡延伸下来的建筑与景观融为一体，该建筑的功能是公园的游客中心，其蜿蜒曲折的形式为游客创造了通往布鲁克林植物园的新通道。此设计方法为植物园展览中园艺、生态和建筑的结合提供了一个新的教学范式。地形本身的

① ［美］史蒂文·C. 布拉萨. 景观美学［M］. 彭锋，译. 北京：北京大学出版社，2008：4.

自然特征，如褶皱、起伏、延绵和断裂等是建筑形态设计的基本条件。在建筑介入、回应、整合和重构地形的过程中，经过延展、拉伸、切割和挤压等，建筑水平延展的体量和连续起伏的界面与场地地形融为一体，模糊了城市、建筑及景观之间的界限，将三者顺其自然地融为一体。哈迪德也是运用"地形拟态"的高手，她时常采用主观化和人工化的抽象形式，将建筑塑造成环境中的新地形。对自然地形和地貌的模拟，使建筑形似大地的沉积层，连绵起伏、自由舒展、浑然天成。分层的操作方式模糊了顶面、分界面和承载面之间的界限，实现了系统内部物质和能量的交换和循环，也创造了具有流动性、适应性和趣味性的动态生态系统。其灵活多变的设计手法使建筑从凌驾于大地之上的独立个体，转变为与景观环境相互交融的有机整体。

图 4-13　詹克斯花园

詹克斯的私家花园诠释了其"形式追随宇宙观"的玄妙设计思想，在有限的空间内表达了重塑人与自然和谐共存、实现生态系统良性循环的希望。他以曲线为母题，将地形、水体、植物和其他景观要素处理成波浪效果，并称其为"波动的景观"。设计师玛吉·克斯维科（Maggie Keswick）将原有的沼泽地改造为一座绿草覆盖的螺旋形的小山、反转扭曲的土丘，不仅改善了场地的风水，而且营造出丰富的戏剧性效果。池塘形似两个半月形合成的一只蝴蝶，与艺术化的地形自然衔接，富有浪漫色彩。城市化的发展使人们与自然渐行渐远，在有限的城市空间内，人们回归自然的美好愿望变得遥不可及。设计师们采用垂直绿化、屋顶绿化等方式将人化的自然植入城市空间，不仅能改善微气候、调节生态系统，而且在一定程度上满足了人们回归自然的心理需求。

生态景观规划的方法和手段是多样的，废旧材料的再利用是重要手段之一。例如，在荷兰东斯尔德大坝景观设计项目中，场地中存有大量修建大坝时遗留下来的废弃物，设计师阿德里安·高伊策（Adrian Geuze）将场地附近的养殖场中废弃的蚌壳进行循环利用，将杂乱的场地进行艺术化处理，为人们营造出环境适宜的休闲场所。又如，西班牙巴塞罗那自然公园是由一个垃圾填埋场改建而来的。改建前，山谷 2/3 及场地 85 公顷的范围已经被填埋。设计师首先根据场地的几何形状对场地进行修复，将需要稳定和防护的区域划分出来，利用复杂技术巧妙地布置管道收集沼气，并排除产生的渗透液。然后，合理地规划车行道、人行道及停车场，将场地设计成如梯田一般的农业耕地景观，这种形态对于受损场地具有良好的适应性和修复能力。将垃圾填埋场改造为一个自然农业形态的公共活动空间，其背后的意义不仅在于对景观的创造满足了新的功能需求，更在于向人们展示了当代社会应有的、对自然环境的尊重。

自然美学的回归实现了美学从人文到生态的转变，对自然价值的重新审视体现出人类对自然美的认知和超越，也使美学关注的焦点由物质实体转变为人与自然之间的关系。景观美学的哲学基础由认识论到存在论的转变，使人类的关注焦点由客观事物的审美认知转向对生存方式的思考。自然的演化规律、时空的连续性以及人类的活动过程之间的联系，成为当代景观美学研究的全新命题。

（三）自组织演化

20世纪60—70年代，非线性科学系统的分支之一"自组织"理论滥觞。"自组织"是指自然界在没有人为干预或外力作用下自行组织、创生和演化而成、自主地从无序走向有序的系统。与其相对，"他组织"系统则是指系统在人为干预或外力作用下获得空间的、时间或功能的结构。协同学的创始人赫尔曼·哈肯（Haken Hermann）曾说："如果系统在获得空间的、时间的或功能的结构过程中，没有外界的特定干预，我们便说系统是自组织的。"[1]"自组织"理论包含耗散结构理论、超循环理论、协同学及突变论等许多分支。

"自组织"理论家认为，在开放的物质世界中，任何系统的结构、功能乃至本身都具有与生俱来的自组织演化规律，"自组织"是一切系统所具有的普遍属性。景观系统是在一定的外部条件下形成的、受时空影响的功能结构，因而"他组织"占主导作用。然而，"自组织"行为仍存在于景观系统产生、存在、演化和发展的过程中，系统的反馈机制使其得以发挥作用。自然界中的各种复杂因素左右着景观的嬗变过程，景观组成系统之间非线性的竞争与协同直接导致了内部自组织系统的演化。与人类进化的不可逆过程相似，涨落是城市景观自组织系统发展演化的基本条件，是组成景观系统的大量因子的不间断运动。它意味着城市景观系统始终处于一种非平衡的变化状态，且充满偶然性。城市"自组织"理论着眼于涨落的自然运动，是一种自下而上的城市研究方法。

---

① ［德］H. 哈肯. 信息与自组织［M］. 郭治安，译. 成都：四川教育出版社，1988：29.

　　城市与生命体一样，是一个具有新陈代谢功能和有机组织形式的自组织系统。工业社会时期，以柯布西耶的光辉城市为代表，西方现代主义运动过度地歌颂机器的力量，纯粹而简明的现代主义城市设计风格以及纪念性的英雄主义设计手法盛极一时。秉承柯布西耶《雅典宪章》中功能理性的信念，肩负着社会革新的使命和责任的设计师们尽其所能去实现人类心中理想主义的乌托邦。西方城市被改造为具有严密的等级结构及功能分区的放射状的形态，体现了以人类为中心的、精英意识的理想主义进化观。然而，大城市中心区日益衰败的现实使诸多理论家不得不深刻反思现代设计的局限性，摒弃蓝图式的宏伟规划，开始关注城市的复杂性、多样性和不确定性。

　　20 世纪 70 年代后，城市规划师意识到城市是一个复杂的、混沌的、多元的、有机的自组织系统，开始倡导"平民意识"。现代主义者的精英理想被后现代主义者解构了。美国后现代主义之父罗伯特·文图里（Robert Venturi）提出，应当将建筑置于当代多元文化环境即"知觉情境"（perceptual context）中进行考量，并从城市中的大众符号研究入手，思考当代城市生活的内在规律。著名建筑理论家克里斯托弗·亚历山大（Christopher Alexander）在《城市不是树》中比较了古代"自然城市"与现代"人造城市"在功能、形式及人文方面的巨大差异，并指出这种差异并非表面上的，而是内在形式组织原则上的。古代城市是各组成部分相互重叠和发生作用的半网络状结构，是一个开放的自组织系统，其中的每个子系统相互联结而形成一个动态发展的整体网络。而现代城市则主要是相对简单的树状的等级式结构，简化了原本多元交织的复杂关系，切断了功能之间的固有联系，使城市丧失了活力和美感，造成了机械的功能分区和单调的城市形态。亚历山大在其名著《建筑模式语言》中，总结出塑造富有活力的城市的 253 条关于城镇、住宅、邻里、花园及内部构造的模式语言。在他看来，这些模式语言可以创造出千变万化的组合，应结合民众参与和专家指导，在短期内模拟自我生长城市长期的动态演化过程。詹克斯认为，这种城市结构的图式分析创造了一种新型的设计思维与方法，对于景观设计中正确处理形式与功能的关系具有非常重要的指导意义。同济大学王云才教授带领的团队也深受启发，以生态景观规划为基础，开展了大量当代景观图式语言的研究。

　　在全球化信息时代，新兴的城市空间在人员构成的流动和技术的驱动下呈现出多中心甚至无中心的组织形式，传统街区中秩序清晰的房屋、街道、中心和邻里逐渐沦为碎片。美国纽约的曼哈顿区高楼林立的摩天大楼、功能混杂的公共空间代表了美国大城市的典型形态。欧洲为了保存城市内涵丰富的历史核心区，沿袭了中世纪的狭窄街巷，建筑以低层和多层为主，新旧景观相得益彰。发展中国家城市化进程中，人口结构的变化造成住房紧张、资源紧缺、环境污染等问题凸显，影响城市规划的因素更加复杂多样。新的时空观引起了对"城市规划"概念、范畴、意义和研究方法的反思和批判。在诸多理论中，库哈斯的城市主义宣言具有里程碑意义。他在《S，M，L，XL》一书中提出"类属城市"（generic city）的宣言，将大都市视为多样性和复杂性的聚集体，具有"东方主义"的倾向。在他所畅想的未来城市中，公共空间将被功能空间取代，旅馆将成为最普通的居住建筑，而超市将代替博物馆成为新的公共文化设施。他强烈地抨击西方传统的意识形态，提出"理想救赎空间"（redemptive space）的概念，具有浓郁的东方色彩。"文脉主义显现的中心时刻是其显现出来的理念的碰撞伴随着必要的经验主义。在一定的范围内经验改变了理念并抑制了它的乌托邦趋势，文脉主义者不仅获得了审美愉悦，而且更重要的是获得了反形而上学的舒适度。"①库哈斯在解读当代城市的过程中展现了分裂的、碎片的、冲突的、矛盾的景观现象，并且适当地借鉴了哲学、文艺学、影视学等领域对城市的研究成果，为设计的方法与形式的创新提供了多种可能性。他试图以"书写"城市的方式揭露当代城市的分裂与断续的本质。

当前，无论是纽约、洛杉矶、迪拜，还是上海、东京，土地被拆散、脉络被消解已成为普遍现象。城市设计的目的不再仅仅是重塑历史脉络和社会关系，更重要的是为城市开发提供行之有效的设计策略。因此，设计师需要因地制宜地解读当前的城市的生存状态及媒介结构，对城市的自组织系统进行合理有效的引导，使分离而断续的建筑和城市景观在相互交织的关系网络中良性运作起来。景观都市主义策略站在当代历史社会发展的角度，对于当前城市问题的解决途径做出了必要的解答。

三、美的体验

"体验"（experience），是人在某个场景中产生的行为及心理感受。人对环境的体验过程即是审美过程，也是人与景观的交互过程。审美体验是一种持续连贯的现象，并不表现为某种固定的形式，而是随着人的移动持续不断地发生变化。在不同环境中，人对环境的认知和感觉程度存在差异。人性化的环境能够促进人与人、人与环境之间的和谐统一，不仅能使个人获得幸福感，而且能够促进社会整体的发展。景观之美来源于设计师对美的感悟和理解，王澍说："设计首先应该是一种让人欢欣的快乐行动。"②

① Rem Koolhaas. S，M，L，XL[M]. New York：The Monacelli Press，1995：283.
② 王澍. 设计的开始[M]. 北京：中国建筑工业出版社，2002：15.

传统景观的审美体验总是站在一个特定的位置上去解读景观文本，思考作品表现的是什么。主要包括情绪（affection）体验、情感（feeling）体验和审美（aesthetic）体验三个层次。情绪是由各种感觉直接唤起的低级情感，是人的生理现象；情感是由逻辑思维唤起的高级情感，与人的社会属性相联系；审美则是在情绪和情感的基础上，由知觉或表象唤起的某种超功利性的特殊情感。而在当代景观中，纯粹的审美体验是不存在的。形式与内容表现出一种同质同构的现象，即审美活动是审美主体的一种直接体验，模糊了形式和内容之间的界限。伯林特在一次环境美学调查中指出："我们必须重新定义这个世界，要认识到我们和环境并不是孤立隔绝的，我们是一个包括环境在内的连贯整体。我们如何对待环境就是如何对待我们自己。"①他提出建立自然形成的、在审美和情感上相关联的"美学共同体"，从而极大地提高社会的凝聚力并激发环境的活力。当代美学关注的焦点已由孤立的艺术客体，转向人对艺术的主体性体验上。在审美主体的精神和情感经历了长期的压制之后，在当代语境中终获新生。巴尔特认为，有必要发起一场关于愉悦和狂喜、情感和感受的革命，宣扬一种建立在消费者愉悦上的美学。保罗·德曼（Paul de Man）认为，美学判断"是人类一切认知、理解、意识等现象性行为产生的条件，是语言转义系统的动力所在"②。美学的真正主题是一种体验和过程，他称之为"阅读"。

"景观"，顾名思义，从字面上即包含了"景"和"观"两个方面。不仅体现了景观作为审美对象的存在价值，也反映出人的行为介入成为景观的组成部分。因此，审美体验是景观生命过程中不可或缺的重要方面。在刘滨谊教授所倡导的现代景观规划设计三元论中，"游憩与环境行为心理感受"，即行为心理学层面上精神环境的意境营造是其中重要的一元③，强调必须将人的心理感受和体验纳入景观规划设计的过程中。景观的审美体验否定了视觉中心主义，而是一种身心的审美愉悦。除了对景观环境中的物质要素或精神空间的感知外，还包括对其中隐含信息的理解和互动。它是一个循序渐进的动态过程，主要分为知觉体验、统觉生成、情感升华三个层次，三者之间逐层递进、相互交融。

---

① ［英］凯文·思韦茨，伊恩·西姆金斯.体验式景观——人、场所与空间的关系［M］.陈玉洁，译.赫广森，校.北京：中国建筑工业出版社，2016：ix.
② 申屠云峰.解构主义文论的一部力作——《意识形态修辞美学：献给德曼》评介［J］.外国文学动态研究，2015，04（2）：7.
③ 刘滨谊.现代景观规划设计［M］.南京：东南大学出版社，2005：5.

（一）知觉体验

知觉体验是审美主体对客观事物的直接反映，是景观要素及其组合形成的结构直接作用于人的感官而触发的情绪。知觉体验是审美活动的表层结构，受到多重因素的共同作用。视觉感知景观的形体、色彩、空间等，如高大、矮小、鲜艳、暗淡等；听觉感知景观的声音、动静，如流水、风声、鸟语等；触觉感知景观的质感和肌理，如温暖、寒冷、硬朗、柔软等；知觉则统合了各种感官的感觉，而获得完整的对于空间结构的初步感受。

1912 年左右，格式塔心理学继承了康德的思想和物理学中"场"的概念，其主要思想是审美对象的形式与审美主体的心理结构产生同构效应，审美经验由此形成。知觉具有整合、抽象和简化的能力。人的知觉具有与生俱来的对客观世界中各种物象的整合与重构的能力。在整合和重构的过程中，会有意识或无意识地忽略某些感觉，而强调另一些感觉因素。这种心理机制和抽象能力是人类社会实践积淀的结果，也是艺术创作和审美结构形成的依据。同时，人还习惯于将物象形态抽象为简单图形，使之更容易把握和掌控。景观的表象是知觉进行积极组织或建构的结果。鲁道夫·阿恩海姆（Rudolf Arnheim）在《艺术与视知觉》一书中详细地论述了形状、空间、色彩、光线、运动等因素对于构建格式塔的作用。他认为宇宙中的一切活动都处于相对平衡的状态，而艺术作品中的形式结构则打破了视知觉中的平衡状态，我们会本能地抵制这种不平衡状态从而感受到静止的画面中的张力。1914 年，克莱夫·贝尔（Clifve Bell）提出艺术是"有意味的形式"（significant form），即由线条和色彩等形式因素构成的关系和组合。所有的视觉艺术形式都具有唤起某种审美情感的特殊品质。简化和构图是创造"有意味的形式"的基本途径，通过剔除与艺术无关的东西提取各种有意味的形式因素，并将其组合而成一个有机的整体，从而获得纯粹的形式意味。这一思想体现了构成主义的基本精神，也成为现代主义艺术的思想精髓。现代主义艺术被视为一种自足独立的符号系统，意义产生于语言内部。然而，格式塔心理学理论和贝尔的"有意味的形式"仅仅局限于视觉艺术领域。20 世纪 20—30 年代产生的符号学理论则在更高的层次上建立了自足独立的艺术本体，并完成了美学领域的语言学转向。时至后现代时期，艺术家们既追求视觉图像的感官刺激和生活享乐，又不断追问艺术和人生的终极价值。审美的泛化导致美学和艺术的评判标准丧失以及审美价值取向的多元化。后现代主义美学观体现了对审美"崇高

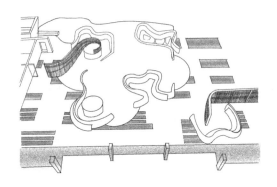

图 4-14　美国华盛顿 673 广场

图 4-15　2012 年伦敦奥运会临时信息亭
方案——特拉法加广场

性"的消解，从传统的注重"永恒性"的美学特征转变为注重受众感官刺激的"瞬时性"审美，将艺术引入了一个复杂多元而又异彩纷呈的世界。

美国华盛顿 673 广场以"联通性"为设计理念，创建了 NOMA 区的一个公寓综合体。Landworks 工作室与客户共同合作，将各种景观材料编织起来，同时精心地为其中的每个空间安排了各具特色的功能，形成了动感、时尚、雕塑感强烈景观形式。尤其是其中的自由流线形态的蛇形长椅，十分引人入胜。该广场有效地连接了室内外空间，创造了富有趣味性的景观体验。在 2012 年伦敦奥运会临时信息亭方案——特拉法加广场设计方案中，设计师营造出时间定格的场所情境，象征和隐喻奥运精神。在奥运会中，运动员的夺冠瞬间是经典、神圣而令人激动的时刻。为使观众感同身受，设计师创作了扭曲现实的形态试图将时间凝固。一个类似过滤层的五环形态的水幕被高高架起，其外部可投射各项重大比赛的精彩花絮或赛事预报，观众进入神秘的水幕内部空间，将会获得新奇、未知、迷茫、非凡的空间体验及各种不确定的情感体验。设计师鼓励公众参与并挑战未知，以反常规的手法诠释了奥运精神。

施瓦兹设计的爱尔兰都柏林大运河广场（Grand Canal Square），灵感来源于里伯斯金团队 2010 年设计完成的电影院。场地周边是世界各大律师行、著名企业公司或机构驻扎的现代建筑群。在深入地考察场地环境后，她以"碎玻璃"的概念创造出一个充满动感和活力的户外公共活动空间。她划出一条条相互穿插、极富张力的车行和人行路线，不同方向指向的直线使任何方向来往的人都能直达广场。这些直线将场地分为若干形态不规则的块面，构成的破碎形式感看似随机和偶然，实则保证了大型表演、公共活动或集市时的人流畅通。中央红"地毯"选用新技术研发的明亮的红色玻璃为铺装材料，从

剧院门口延伸到运河之上，是文化名人时常
出现的区域。湿地植物构筑的多边形绿色
"地毯"连接酒店和办公建筑，与红"地毯"
形成鲜明的对比，并形成一种相对安静的氛
围，同时唤起人们对场地中原来的沼泽的情
感与回忆。高低错落的种植池以竖向种植的
草纹进行装饰，当微风拂过，随风摇曳的青
草增添了广场的动感和生机。36 根横七竖
八的 8 米高红色灯柱跃然其间，灯柱内部安
装了雷达感应器以记录人流情况，计算机预
设的灯光程序可以随时控制 LED 灯，在夜

4-16　爱尔兰都柏林大运河广场

间酷似极富视觉冲击力的红色灯塔，创造出如梦如幻的效果，使人感到安全宁静、怡然
自得。在被道路分割的体块中，设计团队继续进行细分，将"碎玻璃"的概念发挥到极
致。一块绿色大理石被分为两部分，结合不规则的岩石和水体构成饶有特色的水景。一
部分是静水，另一部分是动水，相映成趣。整个广场给人以新奇、有趣、动态、活力之
感，吸引了来自四面八方的人群。

　　知觉体验是人的基本感官功能。它否定视觉中心主义，强调审美愉悦。在当代数字
化语境中，由于人们的审美诉求发生了改变，令人感到愉悦的景观通常是那些不拘一
格、丰富生动而又充满变化的景观形态。景观的审美体验也超越了单纯对自然物象或精
神空间的体验，同时也包括了对虚拟空间中数字信息的感受，从而变得更加丰富多彩和
充满乐趣。

(二)统觉生成

　　统觉是审美主体在知觉体验的基础上，凭借已有的知识经验对审美对象进行整体感
知并融入自身情感的心理形式。统觉认知是审美主体由景观物象联想到某种相关联的情
境或事物，使感官体验进一步深化。想象具有强大的建构力量，能使人的经验与感知的
信息相关联并组合，将潜藏的、碎片化的事物连接为整体，从而让人产生新的审美幻
境，为审美体验开拓了广阔的空间。

当审美主体的人生经历、文化背景、艺术修养、审美情趣、个人理想、行为习惯融入审美体验过程中时，审美对象的中心开始由客体转向主体自身，对审美对象的认知上升为认同。对形式的认同趋于被动，对内容的认同则趋于主动，二者缺一不可。因此，不同的人面对同一个景观，统觉必有差异；而同一个人面对同样的景观，在不同的情绪影响下，其感觉也不尽相同。心理学家默里（H. A. Murry）的"主题统觉测验"（TAT）运用投射技术测试人格特点，其结果表明，图像与经验的结合，在统觉作用下会生成审美幻象。在想象的作用下，审美幻想融入审美主体的知识、经验、情感、兴趣等内容，成为审美主客体之间的媒介。乔治·桑塔耶拿（George Santayana）认为，审美活动的特征在于它能产生一种价值判断，而它事实上是一种积极的情感判断。

由施瓦兹设计的西安园艺世博会六号基地以"城市和自然"为主题，审美主体行走其间的理解和感受迥然不同。花园的下部由灰砖围砌成3米高、1.5米厚的简单墙体，结合不同位置设置的、与砖墙等高的镜面形成迷宫，象征着"城市"。迷宫看似没有入口，上部为象征着自然的绿色屋顶，开放而连续的走廊穿过五扇拱门和砖墙。不同区域的大面积单向镜面制造出看似无限深远或扭曲变形的空间，诱导人们走进"死胡同"。迷宫深处，还有一个小柳树林结合三面镜像形成的森林假象，充满了神秘和未知。人行走在其间，犹如太空漫步，异常的空间体验使他们感到有趣、混乱、陌生、彷徨甚至焦急。他们试图走出迷宫，但并非易事，必须多次尝试。然而，大多数人却渴望走进去一探究竟，前面的路是未知的，无人知道将会发生什么。徜徉在城市迷宫中的人们在外围疏散走廊中的人们眼里，仿佛在表演，而身临其境的人们尽管被监视，却浑然不知。这种独特的体验让外围的人们感到有趣和惊喜。当迷宫内部的人们穿过走廊进入黑暗的、封闭的疏散走廊时，可以从镜面的背后观察花园中的一切。柳树、砖墙、屋顶和镜面相映成趣，不仅生动地诠释了城市与自然相和谐的主题，而且传递了中国文化的深远与悠久、和谐与包容。

除了游戏化体验外，许多景观设计师在作品中有意识地创造人与景观的互动，使人的身心融入景观，获得非凡的体验。荷兰鹿特丹默兹河畔的回音花园（Whispering Garden）是一个互动的公共艺术作品。设计灵感来自海妖的传说，据传海妖盘踞在大海上，暗地中引诱过往船只撞向海中的暗礁。设计师从风力的大小、强度、朝向、特征、形式、持续时间等进行了综合研究，并邀请艺术家埃德温·范·德·海德（Edwin van der Heide）进行艺术指导。他们共同将搜集的环境数据输入计算机，模拟类似于风声的

图 4-17　西安园艺世博会六号基地

电子女声，持续唱元音，同其他音调共同合成一种仿佛森林中的和弦。花园采用网状钢结构，拟人化的形式令人不禁联想到美丽的女子。设计师将花园解释为一个"通感节点"，即将审美主体的各种感官系统的感受充分混合。景观空间中人的感受与风、光、结构、声音和建筑相互融合在一起并不断地循环往复，人与物、物与物交互感知，营造出一个充满感性的世界。

(三)情感升华

审美主体在对审美对象形式意义的理解中引发心灵上的触动，激发了一种创造性的追问，是审美体验的最高层次。这种追问是对知觉体验和统觉生成的深化，融入审美主体个人的创造性理解，具有超越性和不确定性。纪念性景观通常蕴含深刻的文化内涵和精神象征，以唤起人们心底深处的某种情感触动。伦敦海德公园中的戴安娜王妃纪念喷泉即是用参数化设计的方法创造的与西方传统方尖碑截然不同的纪念性景观形态。它是为了纪念已故王妃戴安

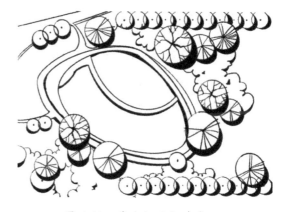

图 4-18　戴安娜王妃喷泉

娜所建的，其设计理念是"外打内通"，象征着王妃的气质。设计师运用 3D Studio MAX 软件建立一个 1∶1 的模型，然后利用数控设备和 CNC 切割成型技术进行处理，并按 1∶1 的比例分段建造，最后将分段材料运送到现场进行组装。喷泉的外观犹如一个造型简单的浅色圆环，与周围植物和草地形成鲜明的对比，既能够向外辐射能量，又可以吸引人群在此聚集。喷泉在计算机的控制下时缓时急、时动时静，以达到不同的水流效果。人们仿佛听见戴安娜王妃时而欢笑、时而哭泣，身临其境地感受她的呼吸和情绪。设计师借此隐喻水景、旋风、阶梯瀑布、摇滚等语义，象征戴安娜王妃温柔阳光而又多愁善感的气质，传递民众对她的敬意和怀念。

当代景观的审美旨趣是反崇高的、开放的、令人愉悦的。数字技术的发展使景观形态不再是严肃的、拘谨的、优雅的、均衡的，而是戏谑的、开放的、灵活的、动感的，具有更加生动丰富的表情和难以预料的体验。景观场所是一个由物质、社会和知觉内容构成的整体，也是设计师、景观与审美主体交流的媒介。场所的创建是一个通过物质手段创建情感表达空间的过程，隐含着某种包含精神信息的感官存在。景观属性是由人类赋予的，同样人类也被赋予景观属性。在当代景观中，诸多设计师在作品中力求营造一个想象的、理想化的景象，追求超越形式之外的个性化情感、认知和思想，试图将人的注意力导向设计以外的自然万物，引导他们思考生活的本质及存在的意义。审美主体的多重性情感体验也已不仅是追求某种审美愉悦，而是结合自身的审美经验发现作品以外的某种想象的情景，并且包含更多的社会因素和人文维度。

第三节　多元文化精神的映射

纵观人类景观的发展历程，不同时期美学观念引导下的设计意识形态与审美经验都是与当时社会的人文精神相契合的。"多元论的观念——事物有许多意义，有许多事物，一事物可以被看成各种各样——'是哲学(后现代哲学)的最大成就'。"[①]当代景观美学由封闭走向开放、中心走向无中心、单一走向多元、线性走向非线性的变革趋势，反映出人类多元文化精神的嬗变。质疑与批判、文化与精神、自由与民主、诗意与情感……在人类多元文化精神迸发的时代，充满了无限未知的可能。

---

① ［美］大卫·雷·格里芬.后现代精神［M］.王成兵，译.北京：中央编译出版社，2011：6.

一、怀疑与批判

(一)怀疑与批判的内涵

对于同一事物或事件而言,质疑是提出疑问,批判则用来表明立场。怀疑与批判是相伴相生的,存在逻辑上的先后顺序。人们通常根据自己所处的立场,以质疑和批判为手段表达对某个事物或事件的看法。在近现代哲学史中,"批判"这个词的使用频率明显上升。"批判是一种颠覆,在这种颠覆中主体大胆地去追问真理要抵达的权利效应,追问权利关于真理的话语。因此,批判是自行决定的让自己不受奴役的艺术,是经过沉思后采取的不屈从态度。"①在当代社会中,人们对怀疑与批判这两个概念的使用甚至到了泛滥的程度,尤其在先锋艺术及设计领域充当了十分重要的角色。

古典时期,批判在法语中被用在美学领域,指艺术批判。而在德语中更倾向于科学领域。批判在当时具有积极的意味,并非所有的事物都值得批判。伊曼努尔·康德(Immanuel Kant)认为,"批判"是关于认识和知识的启蒙,他的批判主义体现了理智的最高功能。而如今,"批判"一词倾向于贬义,与吹毛求疵有某些相似。"批判"一词在思想范畴和在语言符号范畴的含义是不同的。无论是康德的理性批判,还是其他某些哲学理论家之间的论战,都是以一定的思想、行为或言论对存在、知识、真理、政治、社会或文化等某一事物做出的积极的反应,也可以称作一种的批判态度。福柯据此认为,批判是一个不断重新出现、重现组合又不断发展下去的一种变数。"批判只能存在于与其他事物的关系当中:它是找寻未来或真理的方法和手段,它本身并不认识真理,也不会成为真理。它是对某一领域的关注,它决意以警察的身份出现在这个领域,但却无法实施警察的法律。所有这一切都在表明,批判是一种功能,这种功能从属于哲学、科学、政治、道德、司法和文学等以实证态度所表现的东西。"②在福柯看来,批判具有普遍的社会功能,能够探究权利与统治所使用的手段,批判的行为相对于其概念而言更有意义。他通过社会实践来反抗某种形式的权利。从批判实践的现实来看,批判的行为本

---

① [德]克拉达,[德]登博夫斯基.福柯的迷宫[M].朱毅,译.北京:商务印书馆,2005:129.

② [德]克拉达,[德]登博夫斯基.福柯的迷宫[M].朱毅,译.北京:商务印书馆,2005:129.

身也成为被批判的对象。

(二)"现代性"的危机

当代建筑和景观以反讽和游戏的方式表达对以"现代性"为核心的"人类中心主义"的怀疑和批判。"现代性"概念最早始于勒内·笛卡儿(René Descartes)哲学。他本着怀疑的精神对任何事物加以怀疑和批判，追问思维和存在的第一性问题。最后终于得出："我思"，即"我在怀疑"是不可怀疑的。"我思故我在"即是对人的最高主体地位的肯定，将一切事物和存在者的意识都归结到人的自我意识中。由于将"人之为人"的本质确立为思维，笛卡儿哲学实质上是一种先验唯心主义。尽管随后他又推论出上帝的圆满性，但是仍未取代"我思"不可撼动的主体地位。世间万物都成为被人这一主体观照、评判和估价的现实性的客体，通过主体并为了主体而存在。由此可见，"主体"始终是笛卡儿哲学的核心。笛卡儿哲学揭示了现代性中所蕴含的主客二分法的核心逻辑，因此被视为具有现代性的自我意识。康德哲学在笛卡儿哲学的基础上强调意识活动及其逻辑功能，推动了意识哲学的发展。自文艺复兴以来，西方人的思想观念与生存方式始终受到"现代性"的绑架，这种以主体性为核心的思维逻辑随着东方国家步入现代化进程以后，已经蔓延到全世界。

主体性哲学意味着人类中心主义，这也是"现代性"的本质。这种价值取向使人成为万物的中心和目的，具有强大的支配力量，除此之外其他任何事物存在的价值完全由人决定和给予。这也就意味着现代精神与自然世界是二元对立的，自然世界作为客体的自主性受到压迫，完全变成为人的存在而存在的东西。这就为作为主体的人不顾一切后果、肆意破坏和掠夺自然的恶劣行为提供了"正当"的理由。二元论衍生出中心-边缘、征服-屈服、目的-手段等二分法，将部分个体排除在真正的社会-历史过程之外。从人和人或社会的关系层面来看，"现代性"存在着个人主义悖论。文艺复兴时期的哲学家普遍提倡自由意志和个性解放，是以主体主义为基础的。然而，并非每个人都能实现自身的主体性并作为社会共同体的中心和目的。在人与人的关系中，人既是主体，也是客体。主客二分法落实到人的身上，便意味着作为客体的人必须放弃自身的主体性。让-保罗·萨特(Jean-Paul Sartre)认为，人一旦被当作客体，便会沦为征服的对象，成为实现他人主体性的手段。在"现代性"所操控的社会中，并非任何人都能实现自己的个体性。个体所面对的不仅有其他个体，还有个体集合而成的社会。因此，"现代性"中隐含着总体性对个体性的压抑和消解，个人在社会中只拥有有限的自主性。现代社会为了突出人的主体地位，不惜一切建立起庞大的"生产—流通—消费"体系，创造了全球化的资本市场和工业产品，消费主义、大众文化、效率优先原则最终导致人类生活的整体化，使个人的个体性被整体消解了。

从人与自然的关系层面来看，"现代性"还具有二元论悖论。自然界是人类的家园，在笛卡儿或弗朗西斯·培根（Francis Bacon）的理论中都表达了对自然的敬畏之情。在现代性诞生以前，由于人类充分尊重自然规律，因此人对自然的改造并不纯粹意味着对自然的暴力。然而，伴随人类中心主义意识的不断扩张，人类渴望征服自然，极度膨胀的欲望使自然界逐渐沦为满足人类自我利益的牺牲品。自然生态系统被破坏，环境污染、资源枯竭、活力丧失，自然界面临被毁灭的危险。依托现代科技的大工业生产，使自然界彻底沦为客体、对象和手段。现代性的生存逻辑使全世界面临着毁灭性的生态灾难，破坏着我们生存的家园。

个人主义和二元论悖论使人类意识到"现代性"的唯物主义自然观存在着巨大缺陷，激进的人类中心主义思想使人类对自然进行掠夺时毫不顾忌自然的内在生命和价值，造成了严峻的环境危机和竞争加剧，甚至导致现代殖民主义及大规模的奴役和战争。人类的命运是与自然的命运休戚相关、共同存亡的，人怎样对待自然，自然就会怎样回馈人。无论以"人类"为中心或是以"自然"为中心，都是在现代性的主客二分结构中的伪命题。现代主义片面的人性观和非生态论的存在观给人类带来了灾难性的后果，亟待新的世界观和伦理观的指导以实现"世界的返魅"（the reenchantment of the world）①。

（三）反思"现代性"

20世纪60年代，进入"反思现代性"阶段。后现代主义者意识到现代性的危机，开始创造新的话语逻辑对权威和整体加以反抗，其目的是解放"现代性"，寻求超越主体主义的新的生存逻辑。诸多哲学家纷纷提出自己的立场和观点对现代性本身进行质疑和批判。

尤尔根·哈贝马斯（Jürgen Habermas）从马克斯·韦伯（Max Weber）的现代性理论中受到极大启发。他强烈地捍卫启蒙与理性，提出"现代性"是功败垂成的。他认为试图以反理性的方式来解决理性的问题，是无济于事的。他倡导重建理性，批判以主体为中

---

①　［美］大卫·雷·格里芬. 后现代精神［M］. 王成兵，译. 北京：中央编译出版社，2011：212.

心的理性主义传统。

赫伯特·马尔库塞(Herbert Marcuse)认为，任何作品都是肯定与否定的辩证统一。当代出现的一些激进的、具有实验性质的先锋艺术终将被制度化和经典化，走向它所反对的制度化。

美国后现代世界中心(Centre for A Postmodern World)试图重新建立一种超越现代主义的新型世界秩序，否定人类中心主义，力图恢复人与自然的和谐关系。人不再是统治者、征服者和剥削者，而是成为守护其他主体的主体，共同融入自然之中并"诗意的栖居"在大地上。

1972年，文图里与丹尼斯·斯各特·布朗(Denise Scott Brown)和斯蒂芬·艾泽努尔(Steven Izenor)发表建筑学宣言《向拉斯维加斯学习》(*Learning from Las Vegas*)，借用十分流行的赌城的意象，对现代主义展开异常猛烈的攻击。文图里在文中指出，"正统的现代建筑是进步的，即使不是革命的、乌托邦式的和纯粹派的话：它不满于现存状况"，但是建筑师要关心的"不应当是'应该是什么样'而应当是'现在是什么样'和'如何帮助改进'"。① 其意在替代"现代"，并直接指明了艺术与社会之间的关系。

1972年7月15日下午2时45分，在美国密苏里州圣路易市的低收入住宅区"普鲁蒂-艾戈"(Pruitt-Igoe)，由日本著名建筑师山崎实(Minoru Yamasaki)设计的三栋现代主义风格建筑转瞬间化为灰烬。詹克斯在《后现代建筑的语言》(1972)中，以极具批判性的论调敲响了现代主义的丧钟，宣称这一事件标志着"现代主义的死亡"②，也预示着现代主义、国际主义设计风格的死亡、后现代主义(postmodernism)诞生。

二、隐喻与象征

景观设计的真正价值在于它所包含的文化精神，隐喻与象征是重要的空间修辞手法，优秀的景观作品必定暗含着与特定时期社会历史文化的密切联系。文化是由人创造的，文化也造就了人。文化是一个十分宽泛的概念，主要包含物质文化和精神文化两个层面。精神是指生活的终极意义与价值。景观不仅创造了人类生活的物质空间，也创造

---

① [英]佩里·安德森. 后现代性的起源[M]. 紫辰，合章，译. 北京：中国社会科学出版社，2008：22.
② [美]查尔斯·詹克斯(Charles Jencks). 现代主义的临界点：后现代主义向何处去？[M]. 丁宁，等，译. 北京：北京大学出版社，2011：20.

了文化和精神空间。作为社会历史文化的载体，当代景观体现了当代的文化和精神内涵。在当代社会中，多元化是一切知识领域、社会生活和文艺活动的本质，各种不同的审美范式并行不悖，不存在任何先验的、权威的、主流的、包容一切的元语言。当代景观的解构语言发轫于西方，在后现代社会中发展壮大，并在全球化的推动下辐射到全世界，因此成为后现代文化精神的象征与隐喻。

（一）后现代文化精神

后现代文化精神强调人与人、人与物之间内在的、本质的、构成性的联系。后现代主义将人视作关系的存在，任何人永远都处在于他人之间关系网络中的某个交汇点上。人是"'关系中的自我'（self-in-relation），因此，'主体间性'内在地成为'主体'，'自我'的一个'重要方面'"①。他者是具有其自身经验、价值和目的的存在，人与人、人与物之间存在着非强制性的合作关系。后现代思想抛弃了实利主义的现代意识，推崇生态主义和有机主义，将人与自然融为一体，为景观生态规划提供了意识形态基础。它关注过去、现在和未来之间的关联，认为现在孕育着未来并包含着对未来的贡献。只有展望未来，才能对人类当下行为有所制约，对生态可持续发展具有重要意义。在人与神圣之物的关系方面，后现代主义者持有一种"所谓的自然主义的万有在神论（naturalistic panetheism），这种观点认为，世界在神之中而神又在世界之中"②。也就是说，神与被创造物共同创造了整个世界。福柯描述为"精神能量在全宇宙中的弥散现象"③。神圣实体只是世界的一部分存在，并不能主宰和控制一切，人类的所作所为造成的自然后果只能由人类自己来承担。因此，人类开始关注生态意识，将自然视为可塑的，尊重一切事物的价值及相互关系，不再一味地为了获取物质利益而统治和征服自然，而是力求与自然和平相处。精神能量外化的观念表明了后现代主义者承认物质和精神世界的同一性，并对过去和现在的历史文化传统始终持开放的态度。当今人类的生存含义及精神世界发生了重大的转变，后现代文化精神反思"存在"的本体论意义，探索人类精神家园的重建方式，是一种以创造力为核心的文化精神。后现代语境中的当代景观没有明晰的流派之分，许多作品兼顾多种折衷风格，而这个时代的诸多概念也是含糊其词的。在拼贴、杂交、混合、暧

---

① ［美］大卫·雷·格里芬. 后现代精神［M］. 王成兵，译. 北京：中央编译出版社，2011：10.
② ［美］大卫·雷·格里芬. 后现代精神［M］. 王成兵，译. 北京：中央编译出版社，2011：41.
③ ［美］大卫·雷·格里芬. 后现代精神［M］. 王成兵，译. 北京：中央编译出版社，2011：42.

.

昧、多义、混沌、复杂性、矛盾性、游戏性、反讽、戏谑、幽默的混合杂交中，"解构"的景观语言作为后现代文化精神的极端表现，反映出当代社会文化的变异，是社会历史发展到一定程度的必然。詹克斯将后现代主义称为"批判的现代主义"①，并指出"多元论，乃是形形色色的后现代主义的核心所在"②。后现代主义者以非理性的态度对待理性的传统，对古典形式加以肢解、变形、异化，试图超越现代性并建立后现代社会的时代精神和生存逻辑，使人和自然在相互守护中获得重生。文图里在《建筑的矛盾性与复杂性》中，以游戏的姿态、调侃的口吻、反讽式的批评阐释了建筑的复杂性本质，体现出一种激进的批判态度和反崇高、反权威、反英雄主义的后现代精神。

当代设计的解构语言从文本出发，将语言从经验世界中分离出来，以游戏和反讽的方式创造了一系列偶然、痕迹、偏离、无动机、无目标的"陌生化"设计形态，从而在结构的内部颠覆和消解了原本结构，形成了标新立异的建筑和景观。从外观上看，解构似乎割裂了城市的文脉和肌理，实则象征着一种主体内心的焦虑、无意识以及对人生的深刻绝望，即所谓的后现代主义精神分裂症人格。德里达用"歧义性""差延""撒播""语义波动"等术语来描述解构主义的语义特征，在消解了价值中心论、目的性、决定论和整体性的同时，也消解了文本的终极意义，文本意义的阐释空间充满了无限想象和不确定性。本质上而言，解构主义设计语言体现了当代设计师的先锋姿态和开拓精神，表达了对自由意志和民主精神的理想和追求。

(二)隐喻与象征的表达

在当代景观设计实践中，设计师常借用文学创作中的隐喻和象征的修辞方式来表明观点，设计语言的隐喻和象征是通过场景的营造表达场所隐含的意义的一种重要的空间修辞手法。借由某一事物来言说另一事物，阐发深刻的内涵与意义，同时引发观者的无限联想。在后现代城市形态趋于离心化、分散化的现实状况中，以屈米、库哈斯、艾伦为代表的先锋设计师将景观视作当代城市状况的隐喻，以及承载了城市生活与生态演替的媒介。在资本运作和市场经济的影响下，通过设计语言的解构重新审视城市形态与发

① [美]查尔斯·詹克斯.现代主义的临界点：后现代主义向何处去？[M].丁宁，等，译.北京：北京大学出版社，2011：15.

② [美]查尔斯·詹克斯.现代主义的临界点：后现代主义向何处去？[M].丁宁，等，译.北京：北京大学出版社，2011：32.

展过程，表达对"现代性"的质疑和批判，以及对人的异化、精神家园丧失的一种创造性思考，试图将审美革命作为一种重建精神家园的重要途径。屈米是其中颇具代表性的一员，他常以解构性叙事来表达复杂语义。如前文所提及的"乔伊斯的花园"，他从乔伊斯的作品《芬尼根守灵夜》中获得灵感，在建筑这一物质实体和文学文本之间制造直接冲突。读者进入花园中需将自身投射于书写性的建造，成为景观创作过程的一部分。点阵网格被投射于场地上以界定一组样本，这种系统性取样的逻辑转化为一系列反复出现的符号的踪迹，其中的规律指涉城市中多元而复杂的文脉。这使建筑转向书写范畴，其中包含着大量的描述、转录、转译、解构过程，使建筑突破了传统语义的僵化状态而获得多重语义。屈米将建筑文本的意义置于一种被盘问、解构、谋杀的隐喻之中，作者与读者无一例外地参与建筑意义的生产中。他突破现代功能主义和理性主义的桎梏，通过文本性的象征化场域使城市遁入一种碎片式的、间断的经验，即文本性与肉体性的永恒结合。屈米解释道，几何学、面具、捆绑、放纵、情色论，不仅在理念的真相之内，也在读者空间体验的现实之内被考虑。解构主义语境中的象征和隐喻与人们的常规思维存在偏差，正是这种偏差扩大了景观意义的阐释空间。

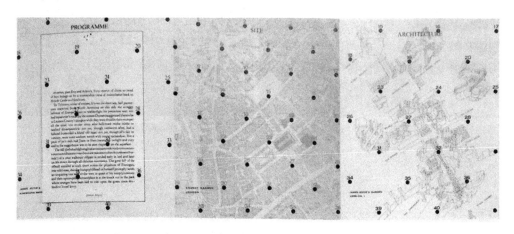

图 4-19　乔伊斯的花园(Joyce's Garden，1976—1977)

美国人格心理学家马斯洛在其著名的"需要层次论"中指出"自我实现的需要"是最高层次的基本需要。① 景观设计作为一门关乎美的艺术，其语义在于审美主体的独白与

① ［美］马斯洛.自我实现的人［M］.许金声，等，译.北京：生活·读书·新知三联书店，1987：4.

反思中,涉及审美主体深层次的精神体悟与联想,科纳称之为"语义保留地"(semantic reserves)①。里伯斯金在德国柏林犹太人博物馆建筑及霍夫曼花园(Hoffman Garden)的设计中,运用了批判、象征和隐喻的建筑语言,给人以强烈的心灵震撼。在犹太人大屠杀中,24万犹太人被驱逐出境,构成了德国历史的重要部分。里伯斯金的一些家族成员死于纳粹迫害,因此他以"虚空之虚空"为设计理念,表达对犹太人大屠杀的纪念。博物馆新馆与古老的柏林历史博物馆相连,观众需从老馆的地下进入新馆,隐喻两种文化之间的内在关联。建筑平面是由犹太人居住地的连线形成的"Z"字形。曲折的线条暗指犹太人(也指现代主义者)被镇压的曲折经历。不规则的道路让人联想到闪电、武装军或那段曲折的历史。建筑立面斜坡上看似毫无章法的不齐整切口仿佛被刀砍过的痕迹,让人感到恐惧和悲伤。"Z"字形的主轴贯穿每个展厅,并折返建筑下部的空隙,观众只能跨过而不能进入。这样的处理留给人们无尽的想象空间,唤起人们灵魂深处的记

图 4-20 德国柏林犹太人博物馆(里伯斯金)

---

① [美]查尔斯·瓦尔德海姆.景观都市主义[M].刘海龙,等,译.北京:中国建筑工业出版社,2011:55.

忆。整个建筑充满了矛盾性、对抗性和象征性，富有极为深刻的哲学内涵。在霍夫曼花园庭院中，里伯斯金将景观要素倾斜、穿插造成矛盾和冲突的效果，与"之"字形折线片段塑造的建筑风格一脉相承。建筑的外墙上纵横交错的不规则开窗多柱式方格由 49 根粗糙的混凝土柱子向博物馆方向倾斜排列而成，柱子的顶端种植沙枣丛，形成绿罩，由地下的灌溉系统浇灌。中心的柱子内部由柏林的泥土填充，象征着柏林政府。其余的柱子则由耶路撒冷的泥土填充，指涉以色列政府。里伯斯金将这座"颠倒"的花园暗喻"历史的灾难"，象征着"二战"前逃离家园的犹太人被收留的土地。充满矛盾和冲突的建筑与景观空间相互呼应、隔空对话，诉说着柏林的历史与伤痕，唤起观者不安、伤感、悲痛的情绪。里伯斯金在阐述其解构主义设计理念时展现出一种超乎纯粹的建筑之上的玄学思辨，犹太人博物馆中所运用的解构语言创造了一种非常厚重的历史感和存在主义的悲剧感，触动了审美主体灵魂深处最刻骨铭心的历史记忆。

三、趣味与反讽

从古典时期的苏格拉底（Socrates）、米格尔·德·塞万提斯·萨维德拉（Miguel de Cervantes Saavedra），近代的马克·吐温（Mark Twain）、欧·亨利（O. Henry），到当代的韦恩·布斯（Wayne C. Booth）、理查德·罗蒂（Richard Rorty），反讽是众多伟大的文学家运用的主要修辞手段。当代景观运用类似文学领域的反讽修辞质疑现代景观中约定俗成的话语体系与语言规则，用多样化意识和趣味性的话语批判宏大叙事，引发对当代社会多元文化情境中景观艺术本质的思考。哈佛大学教授玛萨·施瓦茨（Martha Schwartz）是其中颇具代表性的一位设计师兼艺术家，她于 1979 年"以玩笑的态度"设计了饶有趣味的面包圈花园（Bagel Garden），向世人展现了一件颇具讽刺意味的作品。当时的设计师满足于惯用的设计模式和刻板的秩序规则，只是根据很普通的用途将景观建造出来，作品单调、沉闷、缺乏创新。她不满于这样的设计现状，认为创造才是艺术的价值所在，于是开始尝试探索新的事物。她将日常食用的

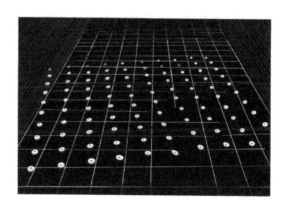

图 4-21　面包圈花园（玛莎·施瓦茨）

面包圈作为景观要素设计了自己的花园，当时被视作一个十分疯狂的举动。她不仅创造了富有"趣味"的景观体验，而且用具有讽刺意味的手法建构了一种具有全新话语特征的景观语汇。后来，面包圈花园照片被《景观建筑》杂志发表，引起了巨大反响，促使人们更加深入地思考景观的美学内涵。施瓦茨为此专门写了一篇文章为这种设计语言做出很合逻辑的解释。她试图改变人们根深蒂固的想法，任何被认为合适的元素都能够以艺术化的方式为我所用，造型、色泽、肌理可以创造出空间丰富多彩的变化效果。在她看来，景观可以很有趣，也可以具有强烈的批判性。

不同于施瓦茨的趣味性设计方式，亦有异于屈米执着于事件和空间的研究，库哈斯主要关注城市中的社会问题，以反讽的话语方式追寻存在的本真意义，促使人们深刻地反思景观的语义内涵。他将城市解读为风景（scape），并指出当代景观已取代建筑成为城市秩序的首要元素。其代表作《癫狂的纽约》（1978）是以曼哈顿城市本身为主题写的一篇追溯性宣言。这个反讽式的文本分为 8 个部分，每个章节之间既无编号，也无顺序和组织关系，其结构类似于纽约城市的网状结构。他在宣言中指出："曼哈顿大部分表面不仅被建筑的变体（中央公园，摩天大楼），乌托邦的碎片（洛克菲勒中心，联合国总部大楼）和不理性的形象（无线城音乐厅）占据，而且每个街区都被几层影子建筑所覆盖，以过去的占有，失败的项目和流行的空想形式出现，为纽约的现状提供了替代的形象。"①尽管宣言中库哈斯提及的是曼哈顿，但实际指代的是当今世界城市和建筑之间的普遍问题。宣言的目的在于展示"大都会城市主义——拥挤文化"（culture of congestion），用"囚禁中的城市"（the city of the captive globe）建构一种新的建筑话语。"拥挤文化提议每个街区被一个单体建筑占据。每个建筑物会成为一座'住宅'——一个扩大的私人领域，允许来客进入，但没到在提供的服务范围里假装普适性的地步。每座'住宅'都代表了一种不同的生活方式和不同的思想观念。拥挤文化将新的令人兴奋的活动，前所未有地结合在一起，安排在每层楼里。神奇技术使再现所有的'场景'成为可能——从最自然的到最人工化的——无论何时何地……拥挤文化是 20 世纪的文化。"②在分析曼哈顿的街区格网和功能分区的基础上，他将摩天大楼作为城市格网形态学的延伸。同时，用"脑自质切除术"（lobotomy）和"分裂"（schism）来形容摩天大楼运行的基本原则。"脑

---

① Rem Koolhaas. Delirious New York：A Retroactive Manifesto for Manhattan［M］. New York：Monacelli Press，1997：9.

② Rem Koolhaas. Delirious New York：A Retroactive Manifesto for Manhattan［M］. New York：Monacelli Press，1997：125.

白质切除术"意指建筑内外完全分离和相对独立，"分裂"意指建筑各楼层之间切断了任何形式上的连接。摩天大楼的形式脱离了功能，每层楼的内容、功能和活动具有可变性，可以被任意分配。"囚禁中的城市"中，"格网""脑白质切除术"和"分裂"相组合而构成大都会城市的媒介结构，在不确定性中解决了大都会城市形式与功能之间的矛盾。对此，库哈斯作出一个虚妄的结论："大都市是一个令人上瘾的机器，无法从中逃离，除非它允许这么做。通过无处不在，它的存在已经变成类似它取代的自然，理所当然，几乎无形，自然无法描述。"①他补充了其中隐含的一个论点："大都会需要/理应有自己特别的建筑，人们可以证明最初期望的大都会状态的正确，进一步发展拥挤文化的新鲜传统。"②他在以曼哈顿为蓝本的城市场景中，深刻嘲讽了现代主义追求井然有序、高大宏伟的变态心理。

库哈斯在书中所表达的观点在其拉·维莱特公园竞标方案中得到了直观体现。尽管该设计方案当时获得第二名，且并未实施，但其所隐含的关于开放性和不确定性的设计理念影响深远。他采用激进的方式将平行的带状景观并置排列组成公园的基础设施，这种景观形态将场地中难以调和的异质活动和内容并置起来，为未来各种不确定的活动和无法预知的功能提供了应对战略，这与《癫狂的纽约》中将不同的城市内容垂直安排到摩天大楼的相邻楼层上的观点完全吻合。景观可使城市中的所有程序有序运行，组织和丰富人们的活动。作为景观都市主义的原型，它创造了一种自由的、弹性的、包容的城市基础设施，以满足未来城市中可能发生的各种复杂事件及活动的需求。作为一名景观都市主义者，亚历克斯·沃尔(Alex Wall)高度肯定库哈斯及其设计方案的价值，并将其解读为："流动的网络、无等

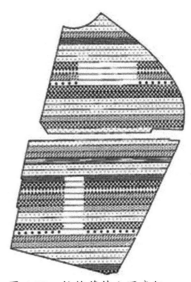

图 4-22　拉维莱特公园竞标
方案(雷姆·库哈斯)

①　Rem Koolhaas. Delirious New York: A Retroactive Manifesto for Manhattan [M]. New York: Monacelli Press, 1997: 242.

②　Rem Koolhaas. Delirious New York: A Retroactive Manifesto for Manhattan [M]. New York: Monacelli Press, 1997: 242.

级的模糊空间、根系状的扩展传播、精心设计的活动表面、相互联结的网络、作为基质和催化剂的大地、不可预见的活动和其他多种情况构成的。"①在屈米和库哈斯思想的影响下，景观设计师开始跨越不同的文化立场，从动态的思维时空观来解读城市和景观，极力创造更加贴近生活的城市活动场域。

四、叙事与表达

当代景观审美范式的多样化形态中蕴含着深刻的人生哲学与意义建构，表达了人类对生命本真意义的深刻思考。当代景观叙事的解构语言是设计师借以表达生存理想的工具，也是影射当代社会精神异化和病态体制的意象载体，彰显出当代人追求生命体验和自由意志的审美旨趣。在当代叙事学理论中，由"经典叙事"到"后经典叙事"的转变，与文学领域从结构主义到后结构主义的转变相呼应。结构主义叙事学主要研究作品的构成要素、结构关系及内在特征的差异；而后结构主义叙事学则主要关注叙事作品的意义，注重作者、读者与社会历史语境之间的相互关系，具有开放性、多样性和差异性的特点。20世纪70年代，伴随着哲学与文学领域的"空间转向"，叙事理论突破了传统的文学范畴，被应用到景观等更为广阔的领域中。景观叙事是表达景观内涵和精神的重要手段。情节因素被置入景观的物质实体中，情境的呈现表达出景观的文化意蕴。

屈米著名的《曼哈顿手稿》(1977—1981)以蒙太奇的手法表达了一种关乎现实的建筑叙事。他假想了一个对建筑的谋杀的虚构情节，这个"已经存在的"现实正等待被解构和改造。通过由影像、建筑平面图、运动标示组成的三分模式，根据事件、运动、空间三条线索重新界定了建筑的构成。他采用了一种新型的书写模式："对城市现象的构成内容的全面转录、一种不断重写的古老逻辑、破碎的片段、话语的转录的考古学，同时撷取了变动中的城市、城市舞台上的演员、城市的总体动力学。这时，规律性——抵制一切规范性的类型学常量——浮现。"②转录是通过从城市中选取元素作为记号，记录城市中所有发生的事件及活动信息，并作为建筑师创作的数据化资料。这些记号的功能并非重现或模仿，而是一种带有历史文化意义印记的书写，在记号转换为建筑的过程中

① ［美］查尔斯·瓦尔德海姆.景观都市主义［M］.刘海龙，等，译.北京：中国建筑工业出版社，2011：59.
② 伯纳德·屈米.建筑：概念与记号［M］.杭州：中国美术学院出版社，2016：42.

图 4-23　《曼哈顿手稿》(屈米)

生成新的意义。由于某些约定俗成的原则从内部消耗着建筑，转录的目的在于先验地、明确地颠覆空间。记号的三条线索可以将经验和时间的秩序引入对城市的解读中。这些记号介入建筑话语，并且重新调动策划与项目语言。《曼哈顿手稿》运用了一种解构主义的记号法，在某种程度上回应了德里达提出的："'原初书写'(archi-writing)理念，表现为一种摆脱了依附于结构主义之上的神学残迹的记号法：'原初书写，延异(differance)的运动、不可消减的原初综合(archi-synthesis)，在同一个时刻，以同一种可能性，展开了时间化进程，展开了与他者的关系，展开了语言。'"①换言之，由于延异具有时间化间隔的根本特征，也就意味着意义建构本源的"不在场"。以记号的书写方式将某个历史瞬间消减为一个被解构的踪迹系统，那么文本的意义就指向了记号本身所固有的延异，即时间的间断性使得意义飘忽不定。屈米的立场不同于奥尔多·罗西(Aldo Rossi)、库哈斯或埃森曼的结构主义，他通过疯狂的历史形式批判解构了建筑语言，从而使建筑的意义可以获得多重解释。

从《曼哈顿手稿》中我们窥见，建筑是一个被策划的事件，被投射于自身的书写的运用中，建筑被消解于自身的事件里。这种解构性叙事方式抛弃了传统建筑叙事的线性

① 伯纳德·屈米. 建筑：概念与记号[M]. 杭州：中国美术学院出版社，2016：44.

思维逻辑，而采用一种分裂、分离、瓦解、差异的策略，使建筑的历史、现实存在、功用和话语经历一次颠覆性的重组，其中记号始终是一种解构的特权场域。设计师在建筑实践过程中不断地寻求分离、打断、扭曲、破坏的机会，进而以一种包含时间、运动及事件线索的"电影-文法"（cine-grammatics）策划方式消解了结构。我们不再关注这个事件的意义是什么，这个事件本身就是意义。

本 章 小 结

当代城市的水平蔓延、边界模糊和肌理破碎化使得一种"景观范式"被引入对城市现象的阅读和研究中。这种"景观范式"侧重于各种要素和作用力的错综复杂的相互影响，侧重于"之间"的空间，侧重于动态变化的过程。这种"景观范式"不仅提供给景观受众各种视觉信息，更重要的是拓展了一个全新的景观社会。以解构主义视角审视当代景观的形态语义并非给景观文本一个固定的解读模式，而是在中心、意义、价值被消解的语境中，思考景观审美范式由单一向多元、精英向大众、明确向含混、静态向动态的转变。这种审美价值取向是当代社会历史发展的必然结果，也是多元文化精神嬗变的真实写照。

第五章

解构与重构——景观形态语言的创新实践

第一节 武汉理工大学创新创业园
建筑与景观设计①

一、项目概况

武汉理工大学南湖校区位于武汉市洪山区南湖湖畔，东望出版城西路，西临丁字桥南路，南连机场三路，北接雄楚大道，规划总面积约130公顷。武汉理工大学南湖校区大学生创新创业中心建筑高度近34米，总建筑面积约3.87万平方米。整体建筑功能异常复杂，是整个校区中体量最丰富、形态最新颖的建筑物。创业中心无论从功能还是形象的角度考虑，都是校园中异常重要的建筑综合体，不仅是武汉理工大学大学生创新与创业的形象，同时也标志着中国高等教育体制的发展新趋势，该建筑无论是建筑体量还是建筑风格，都将成为国内同类型建筑中的新标杆。

---

① 该项目由武汉理工大学易西多教授与武汉理工大学设计院有限公司合作设计，易西多工作室团队参与方案制图、文本编撰和文字审校工作。武汉理工大学创新创业园于2017年建成并投入使用。

二、方案构思

此方案秉承"志在四方、笃学不倦、枝叶相持、鹏程万里"的设计理念，设计宗旨从用地状况出发，结合建筑性质，为校区量身打造一座独具特色、功能完善、理念先进的大学生创新创业园，以期成为中国大学生创新创业园设计的典范与标杆。

图 5-1 场地区位分析

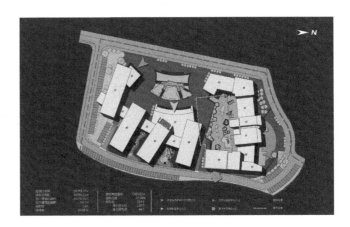

图 5-2 武汉理工大学创新创业园总平图

(一)生态优先

此案场地用地红线范围南北长约 238 米，东西宽近 130 米。武汉的气候冬冷夏热，因此，如何规避极端气候条件并形成有效的"微气候"，是此案首要考虑的问题。设计团队首先将西北面用建筑整体进行围合，以控制冬季西北风的侵袭，而将东南面尽量打开，并通过建筑形成不同的导风体，以引进夏季的主导风与冬日的阳光。上风口群植的植物具有良好的降温效应，对于场地微气候营造起到良好的推进作用。地下空间采用楼板高出室外地坪 1.5 米的形式，以提供地下空间良好的采光与通风效果，最大限度地减少能源的消耗与碳排放。此案在景观设计上虽有部分水体，但却是设计团队充分利用雨水的结果，雨水花园与水池也是设计的重点，供灌溉用的中水也是设计团队考虑的范畴。

（二）创意形象营造

大学生创新创业园是为大学生提供初次创业的大本营，创新是其最大的特色。因此，如何使建筑表现出创造性，就成为方案的另一个重点问题。发散性思维是创意的原动力与必由路径，而"自由"是发散性思维的源泉。因此，设计团队在平面布置上运用自由的折线进行组织，不仅形成自由的意向，而且围合而成的诸多"多形态庭院"，使建筑整体呈现出层次丰富的空间格局。

5-3 武汉理工大学创新创业园鸟瞰图

（三）解构庭院

整体建筑外貌采用现代与当下相结合的形式语言，在视觉上充满刺激感，但我们并不满足纯粹形式语言的游戏。我们追求在时尚的表壳下所掩藏的中国传统之魂。"庭院"作为最具中国古典元素的建筑要素，比其他中国古典元素具有更为隐性、典雅与书卷气的特色，因此也最具有与其他形式相融合的优势与意识形态的上层性。因此，此案

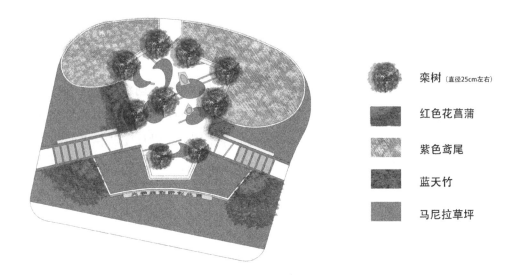

栾树（直径25cm左右）

红色花菖蒲

紫色鸢尾

蓝天竹

马尼拉草坪

5-4 武汉理工大学创新创业园庭院平面布局

5-5 武汉理工大学创新创业园景观效果图

力图通过不同形式化的庭院空间来展现中国传统文化的精髓所在，以此拉开与其他当代建筑的差异，并形成自身的特色。本案的庭院呈现"多形态化"的特色。换言之，这里不仅有水平向的庭院，还有斜线及垂直关系的庭院，而这些庭院大多解构自传统的庭院关系，并形成舒适、静雅、健康的绿色校园环境。

（四）整体性的生态景观

此案景观设计绝非对建筑设计的补充与完善，而是从一开始就被纳入整体设计的范畴。也就是说，设计团队在考虑建筑的同时，景观是一并被考虑的。此案的景观设计首先是建立在生态性的基础之上，无论雨水花园还是静水池，都是雨水收集及运用的结果，而景观灌溉则是中水与雨水交织运用的结果。在景观意象营造上，设计师团队力图展现"师造化，精体宜，半显水，谋禅意"的设计思想，使建筑环境中情景一体并赋予深意。也正是由于多形态化的庭院条件，为景观设计的中国精神提供了良好的基础条件。

三、形态推演

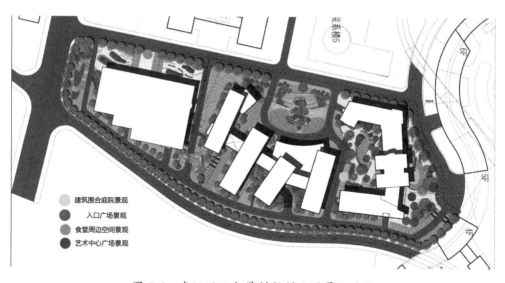

图 5-6 武汉理工大学创新创业园景观平面

（一）建筑形式的生成

在建筑外形处理上，设计团队将创新创业中心设计成坚硬挺拔的直线，象征着大学生锋芒毕露、勇于创新。艺术与设计学院北广场的水池采用柔软的曲线设计，与项目北面正在规划中的校行政大楼相呼应，顺应环境的同时，也彰显当代大学生独立自主而又不会脱离实际的特点。

　　设计团队通过对线条的抽象处理，并结合具有信息化特色的形象与整体建筑，以发展与创新的意象感受。通过带状建筑进行联系，不仅不会产生矛盾与冲突，反而会增添"刚柔相济"的效果。建筑整体在大虚大实之间进行转换，体现了"刚柔有秩"的情怀。

图5-7　武汉理工大学创新创业园效果图

　　在建筑西立面的设计上，设计团队对建筑整体的西立面采用了多层栅格的处理，中空的气流层不仅有效解决了热辐射的效应，而且较大的阴影投射面也使得通风与采光兼得。丰富多彩的外立面装饰代表着不同思想的碰撞、融合与迸发，象征着大学生群体的前卫性与创造力，也隐喻了"如夏花般绚烂"的大学生群体蓬勃的生命力。

图5-8　武汉理工大学创新创业园建筑西立面

（二）景观形式的推演

在景观设计中，设计团队以"云、海、帆、船"四个主要元素为原型，经过形态抽象和解构，营造出"直挂云帆济沧海"的意象，隐喻大学生勇于拼搏奋斗的精神。大面积的地被植物，成为绿色校园的底色（C区）。西面的种植池采用优美而流畅的曲线形式形态模拟白云（B区），东面的种植池则模拟船体的形态。中间的公共活动空间（A区）似船帆的形态，船的底部（D区）放置了"大学生创新创业园"标识牌。向北面、西面和南面延伸的三条道路给人以稳定之感，而A区中间的7块看似随意布置的草坪、条形的座椅、汀步和小品则打破了这种稳定的结构，显得活泼而富有变化。其中的3块月亮形草坪由校徽的形态经过解构和重组之后生成，其余4块近似椭圆的草坪则暗示了学校的4个校区。3块雕凿了盛水池的石块营造出一种静谧的气氛，渲染出中式大学校园的禅意。

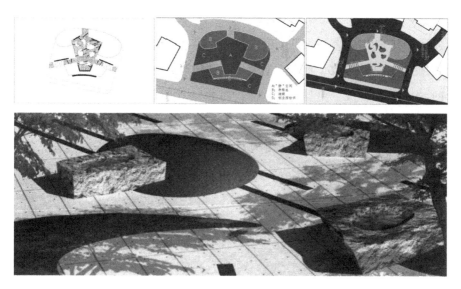

图5-9　武汉理工大学创新创业园入口广场景观平面形式推演及效果图

四、实践小结

在此案的设计过程中，设计团队对对比、均衡、高层、组合等建筑形式进行了多方案比较。在对校园规划与用地环境深入分析的基础上，设计团队认为自由的线性关系最

图 5-10　武汉理工大学创新创业园庭院景观效果图

能表达设计思维，同时主体建筑的高度，更易于满足较大的教学与实验需求，且避免了高层建筑高能耗、高碳排放、垂直交通使用不便捷等问题。另外，相对大体量建筑，我们的建筑形式更新颖活泼，更具有趣味性，巧妙利用折线形成的各种院落空间，无疑为此案增添了不少亮点。同时，单边走廊的形式更有利于自然采光与通风，这也是生态性的客观要求。建筑和景观的解构形式相互呼应，创造出一个充满活力、丰富多彩的当代校园环境。

第二节　武汉诺维凯生物有限公司建筑与景观设计①

一、项目概况

场地位于东湖高新技术开发区，隶属于湖北富邦有限责任公司的生物农业研究生产基地。总规划用地面积 36926.45 平方米，地块北临 40 米宽城市控制规划主干道，西临

---

① 该项目由武汉理工大学易西多教授与武汉理工大学设计院有限公司合作设计，易西多工作室团队参与方案制图、文本编撰和文字审校工作。

图 5-11　武汉理工大学创新创业园实拍

20 米宽城市控制规划 002 县道，东面为规划中的 100 米宽高压走廊及武汉市环城高速公路福银高速段，南面为三层(局部四层)的办公类建筑。

　　场地地处武汉市东南端，是典型的暖湿气候带。场地东面有大片的农田和荒野，周边没有高大的乔木和大面积湖泊，仅有一些小型湖泊和山体。因此，城市夏天的主导风能够自然流入场地内部，有利于风道的形成。项目地在开发区建设过程中已经将原有微地形丘陵地貌整理成平整地块，其由西向东的坡度小于 1%，由北向南的坡度也是小于

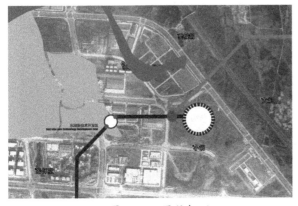

图 5-12　区位概况

2%，该区域由于是在原有小沟渠的基础上后期回填土壤所致，所以场地地表层土壤具有非稳定性因素，会出现沉降不均和侧滑的可能。场地内的植物以矮灌木和杂草为主，设计时应以植栽为重点，以改善整个场地的微气候。周边建筑密度较为稀少，高大建筑主要集中在高新大道上，神墩三路上只有西面有较少的现代办公建筑(现代主义风格+新材料)，其余大多以低矮的厂房为主。

二、方案构思

该项目秉承"可持续发展"的宗旨，力求以建筑形态为突破口，在充分调研场地现状的基础上，创建一个风格与众不同的工业园区建筑及景观，旨在为企业营造集生产和研发于一体、功能完善、环境优美的综合性建筑和景观环境。

设计目标：塑造一个有传统韵味和当代特色的生态农业科技研发企业形象。

规划原则：可持续发展、传承地域特色、以人为本、生态位、多样性。

规划构思：区域内主要由四大功能部分组成：研究发展区、生产区、配套服务区、商务区。

三、形态推演

从空间形态上看，该案的竖向关系是高层集中在主干道一侧，而最高点则在场地中央，商务大楼具有挺拔的雕塑感。场地南面的底层建筑群营造出中国传统园林中的"院落"意象。尽管尺度较大，使用现代材质，但错落有致的几何建筑形体让人不免联想到中国传统园林中的建筑布局。南低北高的场地格局不仅是为了营造中国园林的院落景观，更是为了保证日照量，营造微气候，疏导城市主导风和协调与周边的关系。

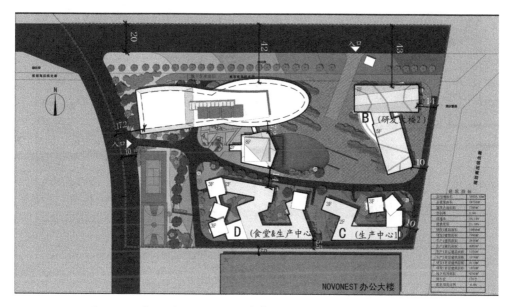

图 5-13　武汉诺维凯生物材料有限公司建筑规划方案总平图

四、设计表达

(一)功能组织

在功能分区方面,设计师团队在城市主干道一侧设立了两栋主要的研发大楼,在尊重场地自然生态的同时调节微气候,也为企业的工作人员提供便利。居于场地中心的商务楼具有常规的商务接待功能,同时兼备会议、办公、展示、休闲功能。生产和后勤服务区位于场地的东南角和西南角,一方面便于物流的组织,另一方面也能适当地解决噪声和污染等问题。会所、食堂、洗浴及运动场等构成了后勤服务区,力求在工作之余为企业工作人员提供休闲娱乐的场所。

(二)交通组织

此项目设计严格控制人车分流和交通便捷的原则,因此将人流入口设置在城市交通工具流线上,减少乘坐城市公共交通工具人流的交通距离,减少交通干扰和交通风险。

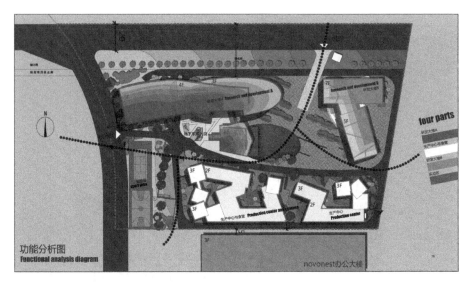

图 5-14 功能分析图

车流则主要从场地的西入口进行,所以人流入口设置在场地的东北大门,而车流与物流则集中在场地的西大门。场地内的消防通道均呈环线状通达每一幢建筑,消防间距与登高面设置严守国家相关规范。

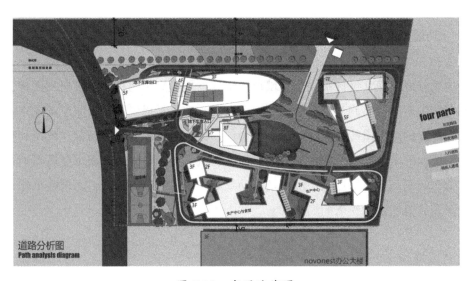

图 5-15 交通流线图

(三)建筑设计

在建筑风格方面，设计团队采用了反常规的设计方法。尽可能地将建筑和景观进行一体化设计，从平面、立面和整体视觉上营造中国传统的院落空间。建筑屋顶沿袭了中国传统坡屋顶的意象，在形式上摒弃了传统工业建筑呆板、方正、冷漠的特点，而是采用"解构"法塑造了许多起伏的不规则多面体，在不经意间营造富有传统文化底蕴的"中国意象"。直线削切的研发大楼与流线型的行政办公大楼形成刚柔并济的视觉效果，一些共同的设计构成要素穿插于两栋大楼之间形成对话，在刚和柔、硬和软、方和圆之间形成一个动态变化的建筑整体。建筑的开窗形式以藤蔓和枝叶为原型，在保证通风和采光的同时，给人以亲近自然之感。建筑表皮采用自制预制饰面材料，该建筑材料不仅成本低廉、节约资源，而且使用了矿物质添加剂，使建筑具有较强的识别性。

(四)景观设计

本设计采用"大设计"概念，以及规划、建筑、景观、室内一体的综合性设计概念，规划时充分考虑建筑的关系与形态，充分考虑建筑与周边景观的互动与融合，室内设计同样考虑建筑的延展性及与景观的互动，因此借景、框景以及融景的设计手法在设计中有大量的体现。由于原有自然景观要素非常单纯，因此，除了考虑对于远山的视景通透性外，大量景观要素的植入就成为景观设计重点。在景观设计上，我们设置了四大景观意象区：一是位于场地入口及中心广场的——"城市广场意象区"，主要营造具有现代城市特色的景观风貌，这是为了令所有员工与访客在达到场所后产生兴奋与激动的心情，从而带来工作的激情与对未来的憧憬；二是在行政办公楼与商务楼之间形成的狭长地带——"城市峡谷意象区"，主要是营造在狭长空间地带的城市台地状景观风貌，给人以时尚、舒适与新颖的景观意象，令员工与访客产生愿意流连其间的意向；三是休闲运动区——"浪漫主义的景观意象区"，主要是为了营造自然生动的景观风貌，令观者产生回归自然的视觉感受；第四是生产与配套服务设施区——"禅意院落"，通过营造中式院落意象，唤起员工和访客对中华文明的认同感，以及对未来美好生活的愿景。

（五）生态设计

本案规划格局采用南低北高的营造手法，不仅能有效引入夏季城市主导风，而且能有效抗击冬季北风对场地的侵袭。场地东南面大量种植的植物与场地中心的水体能有效降低区域气温，对于缺少遮蔽的场地而言的意义不言自明。而建筑设计多采用南北通透格局，一方面是保证自然通风的良好，另一方面则对于采光和保温隔热也具有积极意义，同时建筑内的大量植物种植不仅能净化空气，而且对于维持室温与湿度都具有积极作用，同时也体现了生态农业科技的主体性意义。

图 5-16　规划生态分析图

（六）绿地系统规划

方案绿地系统可分为地面、屋顶和室内组成三个部分。

功能性绿地空间：该空间主要是为了遮阴、吸尘、降噪、吸附有害气体，以及形成导风体或风障体位设置的绿地系统。因此这类系统散布于诸如入口后形成的人流线路段，在生产与研发区周边，微气候之风道转折处于风道形成处。为了满足遮阴效果，这

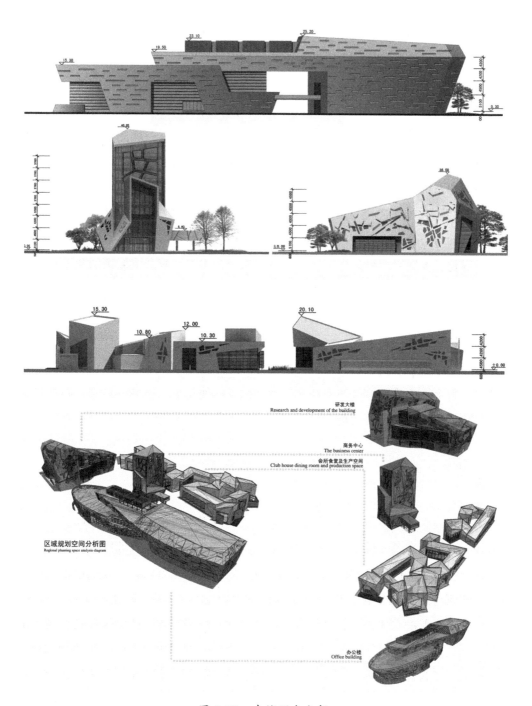

图 5-17 建筑形态分析

类植物的选择一定是冠阴量大的高大乔木,如樟树、桂花、栾树;而为了解决吸尘降噪和吸附有害气体的问题,选择朴树、广玉兰、桂花、夹竹桃等兼具冠阴与吸附双重功能的乔木与大灌木,以及诸如月季一类密植的矮灌木。

观赏类绿地空间:这类绿地空间在场地中无处不在,我们的设计原则就是功能性与美学要求完美结合。因此,无论是庭院中孤植与群植的乔木,还是广场上的花卉与灌木,以及为形成导风体或风障而密植的组团,都是为了形成不一样的景观意象而进行的选择。所以,此空间中不存在单纯性的为了种植而存在的植物关系。

地面绿地系统整体:地面绿地系统整体由五个部分组成:12 米以上的高大乔木,7~12 米的大灌木,0.8~1.5 米的矮灌木,0.5 米以下的地被植物(包括观花与观叶类的灌木以及草铺与苔藓等),以及部分盆栽类植物。

屋顶绿化:本案屋顶绿化面积较大,且类型较为丰富与复杂。屋顶绿化不仅解决了屋面的保温与隔热问题,同时还能形成办公生产空间的宜人效应,可有效解决办公生产空间的单调乏味。我们在屋顶绿化的设计强调了场地的可渗透性原则,不让屋顶绿化停留在肤浅和短效性的层面。

室内绿地系统:这是我们有别于其他设计的重点之一,生态性的体现不仅体现在设计的造型语言上,而且也体现在各功能性空间的具体使用上。室内的温室、室内外景观的交互与协调都是我们设计的重点。

五、实践小结

在全球化高新科技迅猛发展的时代语境中,中国以大规模、大尺度、高技术为特征的高科技工业建筑在各大城市产业空间中大量产生。这些高新科技园区以研发及生产制造为主,亟待寻求突破传统建筑设计范式的设计思想和创作方法,解决城市建设中高新科技园区建筑规划的同质化、程式化、封闭性等问题。"创新"是时代发展的主旋律,作为高新技术企业的载体,高新科技园区的建筑规划应突破传统的思维模式、简单的逻辑组合、固化的设计方法,统筹人、自然、文化和科技要素进行四位一体的创新设计。在武汉诺唯凯建筑规划方案中,笔者运用"混沌-非线性"设计思维,设计灵活的建筑轴线、合理的功能分区、变换的空间序列,消解传统的空间格局。用解构的建筑语言诠释传统中式院落意象,传达生态农业科技意义,调节场地微气候,以动态的发展观综合考虑建筑及其环境要素、科技人才的物质和精神诉求,打造集生活、工作、休闲、娱乐于一体的低碳复合型高科技园区，从而推动科技创新、科技成果转化和高新技术产业的发展，通过可持续发展再现中国传统的美学意蕴。

第三节　珠海石景山公园建筑与景观设计

一、项目概况

（一）城市区位

珠海市处于广东省南部区域，是滨海风景旅游城的代表城市。濒临南海，是西江主要的出海口。东部隔海与香港、深圳相望，南部与澳门相接，处于联系各区域的重要纽

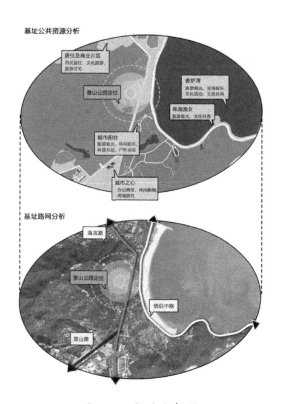

图 5-18　场地分析图

带。集合了海、山、湾、岛、岸及海滨特色人文旅游资源，作为珠三角中拥有最长海岸线、最多岛屿、海域面积最大的城市，享有浪漫之城及百岛之市的城市美誉。

(二)资源区位

城市之心：位于景山公园东南部区域，由城市三条主干道围合而成，具备商业服务型用地属性。城市阳台：位于景山公园东南部区域，作为面向城市和旅客的开放区域，同样具备商业服务型用地属性。香炉湾：作为连接海狸岛与珠海渔女的海湾，是整个海地带滨海体验最为集中的区域。珠海渔女：此雕像位于香炉湾旁，高约为 8.7 米，是中国第一座大型海边雕塑，充分体现珠海特有的海洋文化。

(三)交通区位

项目地块处于海滨情侣路海岸线带内，是展示珠海城市形象及发挥旅游服务等功能的重要节点区域。地块周边的城市主干道为海滨路、情侣中路及景山路，中心城区内各团体及各类人群到达此地块均可采用便捷的交通方式。

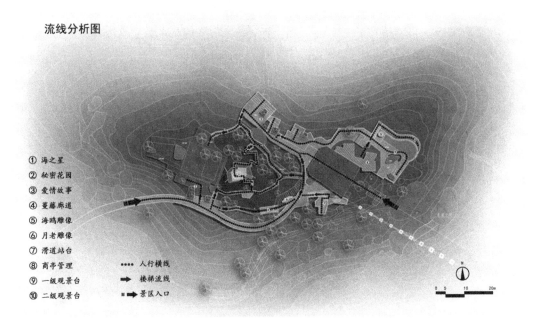

流线分析图

① 海之星
② 秘密花园
③ 爱情故事
④ 蔓藤廊道
⑤ 海鸥雕像
⑥ 月老雕像
⑦ 滑道站台
⑧ 商亭管理
⑨ 一级观景台
⑩ 二级观景台

•••• 人行横线
➡ 楼梯流线
▪➡ 景区入口

图 5-19 交通流线分析图

功能分区图

图 5-20 功能分区图

(四)项目区位

珠海石景山公园坐落在珠海市中心区域,拥有美丽的自然景色和丰富的人文景观。珠海石景山山顶地理位置优越,拥有丰富的岩石和植被资源。建筑坐落于山顶,布满形态各异的岩石,展示出经过千百年风雨侵蚀的独特地貌。

(五)功能分区

依据功能需求,本项目将场地分为海之星游乐区、海之星、花园观景区、环山长廊、藤蔓观赏区、滑道站台区、索道上站区、商业服务区、卫生服务区、娱乐休闲区、休闲观景台、商业区观景台等十二个区域。

建筑主体采用钢结构的装配式结构,以确保不规则形状的精确性。主体建筑结构构件在工厂预制后,运输至现场进行组装。装配式钢结构具有自重轻、结构简洁、运输便捷等优势,适用于复杂的山地地形基面,同时能最大限度适应山地气候环境的影响。其工厂化程度较高,现场仅需简单拼装即可完成搭建。基本采用干法作业施工,节约水资源的同时,还可减少对山地环境的干预影响。此外,根据景区服务功能需求,可进行移动化布置,采用吊装一体化的移动空间设置,通过支撑构件巧妙地支撑建筑,降低建筑对景区基面的干预,进一步保护与还原场地的原有风貌。

图 5-21 "海之星"建筑轴测图及效果图

在岩石密布的山顶等复杂地形环境中,建筑蜘蛛脚式支撑结构相较于传统砖混结构,可减轻地基压力,从而降低对自然环境的侵害。其独特的地形自适应能力使建筑物能适应各种地形环境,如岩石密布的山顶,减小对生态的破坏,尤其在环境敏感地区的建筑设计中至关重要。昆虫足部轻质且高强度的结构使其能在不同环境中迅速行动。在建筑设计中,采用轻质高强度的材料和结构,降低建筑物自重,从而减少能源消耗和碳排放。此外,昆虫脚式支撑结构具有较小的基底面积,减少了对土地资源的占用,进一步降低对自然环境的影响。昆虫脚的结构在保持刚度的同时,具有一定的柔性,这有助于昆虫在复杂环境中保持平衡。将此特性应用于建筑设计中,可以提高建筑物在面临自然灾害(如地震、台风等)时的抗震性和抗风性,保障建筑物及人员的安全。

图 5-22　"海之星"景观效果图

二、形态推演

　　"云顶"建筑外立面采用不锈钢金属的预制板，反射性的表皮实现与周围景观、天空和光影的紧密联系。随着天气和光照强度的变化，建筑表皮的弱反射呈现出独特的视觉效果，展示出轻盈且多变的特征，与周围环境融为一体。在建筑形态的选择上，基本形态采用横卧的长方体，灵感来源于对山顶地形的适应以及对正方形扁平形状的变形。这种横卧长方体形态与周围环境相融合，展现出对自然低调、谦逊的姿态。横卧的长方体形态呈现出压缩感，象征对上方压力的臣服。视觉上，这种被压缩的形状产生安静、谦恭和低调氛围，与设计者想传达的舒缓、安静、单纯和寡欲意境相契合。设计中，建筑主体由多个形状各异的长方体变异形态组合而成。这种组合方式在空间上创造了丰富的层次感和动态感，同时也赋予了建筑独特的美学价值。不锈钢铝板、木材和玻璃作为主要材质，建筑灰色外立面与山顶浅灰色岩石纹理相互呼应，将地表元素融入建筑界面。空间立面设计采用大面积落地玻璃窗，消除了空间分割对自然环境连续性的阻碍，实现了室外景观与室内空间的有机融合。因此，建筑物的实体感逐渐消失。建筑的玻璃窗外部通过户外木饰面进行装饰，延续自然植被环境的连续感。玻璃表面采用金属明框收口，玻璃界面的分割主要以竖向线条为主，顺应周围植被的生长趋势。开窗设计兼顾人体尺度与建筑与周边环境的关系，通过不同的窗户朝向形成不同的景致。

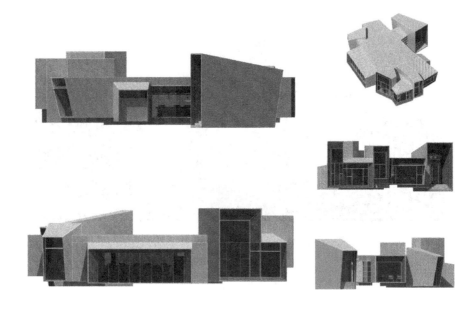

图 5-23　"云顶"建筑形体结构图

三、实践小结

该项目从生物学中获取设计灵感，为建筑设计实现跨学科融合提供了更多可能性和创新点。蜘蛛脚式支撑结构独特的形态赋予建筑物动态美感，成为视觉焦点。结构美学

图 5-24 "云顶"建筑效果图

在提升建筑物审美价值的同时，助力实现自然和谐共生，创造宜人居住环境。昆虫足部结构具有重心分布与支撑特性，使其在行进、攀爬或悬挂过程中保持稳定。借鉴蜘蛛脚布局和支撑机制于建筑设计中，有助于提高建筑物的稳定性和安全性，解构的外在形式和内在功能达到了和谐统一。

本 章 小 结

当今中国城市化建设开展得如火如荼，景观设计学学科的发展与时俱进而又万变不离其宗。中国当代景观设计师应切实保护城市赖以生存的自然资源，并满足人们日益增长的物质和精神需求。在设计实践中创造有中国风格、地域特色、符合当代人生活需要和价值诉求的园林景观艺术，充分彰显景观在社会、环境和经济等方面的综合效益。只有在当代语境中传承中国悠久传统的园林文化，创造生态宜人、风景优美的人居环境，才能使中国当代景观屹立于世界民族艺术之林。

第六章

结 语

作为意识形态的表征，中西景观形态自古以来就存在着巨大的差异。然而，在信息化时代的全球语境中，二者都显现出明显的解构征候。中国当代风景园林尚未建构完善的设计方法论体系，因此模仿和抄袭现象蔚然成风。对西方景观设计形式的借鉴大多流于表象，停留在外形或技法层面，脱离了其产生的意识形态根源。数字时代信息的瞬息万变给中国当代景观带来了巨大的机遇和挑战，在探索创新的设计思维和方法的同时，中国设计师也应该意识到：西方解构主义设计思想的滥觞植根于西方独特的社会文化背景，借鉴其创作方法的根本目的在于在当代语境下传承和发扬中华优秀传统文化。

一、溯源景观解构形态的发生机制，以多重维度推演形态的发生系统

从西方景观由结构向解构的嬗变历程可以看到，景观作为特定时期意识形态的载体，反映出人类的生活方式、美学诉求及时代特征。当代景观将城市的自然和文化都纳入一个无边界的动态生态系统中，景观形态语言的解构倾向反映出当代语境下景观的"多元化"本质。这种混沌的、流变性的审美范式是一种社会历史发展的必然，并将引导当代人迈向更加当代的生活。

二、建立景观形态思维的解构概念，以多元理念拓展景观的审美价值

当代景观形态思维的"解构"观念包含三个方面内容：

(一)景观物质形态的变异

景观设计摆脱了形式与风格的羁绊，以混乱、无序、杂交、残缺、游戏的景观语汇，塑造了大量去中心的、不规则的、抽象的、动态的景观形态。非理性的思维方式、前沿的科技手段、丰富的物质材料都为形式语言的解构主义探索开辟了广阔天地。

(二)景观审美范式的流变

在数字化技术的影响下，景观设计学与城市规划和建筑学逐步走向融合，景观设计概念与内涵的拓展使其超越了单纯对物质形态的设计，而成为一种解决社会及环境问题的策略和手段。当代景观的审美范式突破了传统的审美标准和原则，以自然生态美学及多元价值观为审美取向，更加注重审美主体的感受和体验，以满足当代人猎奇、娱乐化、游戏化、标新立异和追求时尚的心理。

(三)当代多元精神的共存

作为当代意识形态的载体，景观形态反映出当代自然生态和人文生态方面出现的双重危机。一方面，"人类中心主义"理想的幻灭使人类不得不重新审视人与自然之间的关系，回归人与自然和谐共生的核心价值观，促进人居环境的可持续发展；另一方面，在当代社会情境中，人们的内心时常感到彷徨、无助、焦虑、不安。景观设计通过对场地空间中事件和活动的组织与策划，可促进人与人、人与物之间的交流，引导当代人迈向更加丰富而多元的生活。

以上三个层面的研究是由表及里、从形而下到形而上的探索过程。景观是现象，哲学是本质，笔者试图透过当代景观形态纷繁复杂的物质表象，思考当代美学变异的价值

取向及精神诉求。尽管当代景观的解构形态与解构主义哲学之间并不一定存在着本质的、必然的联系，但它们都是在全球性高科技文明统领世界的时代，对社会历史及文化发展状况的不同形式的反映。虽然表达方式不同，但是在内在精神指向上高度契合，二者相结合，能更加真实地反映出当代世界的发展面貌。

三、探求中国园林的再生设计方法，以解构观念发扬传统的文化精神

尽管西方的解构主义设计观与中国传统园林的营建思想植根于不同的文化土壤，但在"人与自然的共生关系"方面，是相契合的。就景观设计的混沌思维、景观文本的逻辑建构、景观要素的组织安排、景观尺度的多重转换等方面而言，在很大程度上具有类同性。诚如埃森曼所言，解构实际上是一个很东方的想法。"中国人之于自然山水是源远流长的，是有本而又可以汲新，从而发扬光大的。我们要吸取一切外来的有益经验，但不宜完全仰仗外国设计师来为我们创造中国特色。"①随着全球化背景下中国的社会语境日益复杂，传统与当代、异质与本土的碰撞激发出无限的可能。中国的景观设计师要以古鉴今、继往开来，在不断解构和建构的过程中求解当代人生存的内在需求。有选择性地吸收和借鉴解构主义设计思想的有利因素，为中国当代园林景观的发展注入强大的生命力。

本书从解构主义视角探讨景观的形态语言，其目的在于从全球化语境中审视景观物质形态表征与社会文化发展之间的内在关联，将"解构"作为一种符合时代特征和审美诉求的创作理念和方法，为中国传统园林的再生和民族文化的复兴提出有价值的建议。程绪珂曾言，中国当代的生态园林与城市建设应"以中国文化为主，洋为中用，古为今用，于古为新，既要尊古，又要创新"②。解构并非一种景观设计范式，而是一种突破传统的哲学观、空间观和审美观。笔者希冀将解构主义思想引入中国当代风景园林研究，论证无论是西方的解构主义思想，还是中国的园林营建思想，其共通点在于追求人与自然的和谐共生，这即是人类命运共同体的深刻内涵。我们应不遗余力地加强生态文明建设，力求在纷繁复杂的全球化多元世界中实现中华民族的伟大复兴。

---

① 孟兆祯. 孟兆祯文集——风景园林理论与实践[M]. 天津：天津大学出版社，2011：275.
② 中国园林博物馆. 生态园林与城市建设——程绪珂先生访谈[J]. 中国园林博物馆学刊，2019：1.

参考文献

一、专著

[1] [挪]诺伯格·舒尔茨. 存在·空间·建筑·建筑师[M]. 尹培桐, 译. 北京：中国建筑工业出版社, 1986.

[2] [美]查尔斯·詹克斯. 后现代建筑语言[M]. 李大夏, 译. 北京：中国建筑工业出版社, 1986.

[3] [德]哈肯. 信息与自组织[M]. 郭治安, 译. 四川：四川教育出版社, 1988.

[4] [美]查尔斯·詹克斯. 什么是后现代主义[M]. 天津：天津科学技术出版社, 1988.

[5] [美]伊利尔·沙里宁. 形式的探索———一条处理艺术问题的基本途径[M]. 顾启源, 译. 北京：中国建筑工业出版社, 1989.

[6] [美]尼葛洛·庞帝. 数字化生存[M]. 胡永, 范海, 译. 海南：海南出版社, 1991.

[7] [美]乔纳森·库勒. 论解构———结构主义之后的理论与批判[M]. 陆扬, 译. 香港：天马图书有限公司, 1993.

[8] [美]E. N. 洛伦兹. 混沌的本质[M]. 刘式达, 译. 北京：气象出版社, 1997.

[9] 俞孔坚. 论景观概念及其研究的发展———景观：文化·生态·感知[M]. 北京：科学出版社, 1998.

[10][法]米歇尔·福柯.知识考古学[M].谢强,马月,译.北京:新知三联书店,1998.

[11][美]乔纳森·卡勒.论解构[M].陆扬,译.北京:中国社会科学出版社,1998.

[12]刘杰.秩序重构——经济全球化时代的国际机制[M].北京:高等教育出版社,上海:上海社会科学院出版社,1999.

[13][法]让·鲍德里亚.消费社会[M].刘成富,等,译.南京:南京大学出版社,2000.

[14][德]汉斯-彼得·马丁,哈拉尔特·舒曼.全球化陷阱——对民主和福利的进攻[M].张世鹏,等,译.北京:中央编译出版社,2001.

[15]李钧.二十世纪西方美学经典文本 第三卷:结构与解放[M].上海:复旦大学出版社,2001.

[16]邬烈炎.解构主义设计[M].南京:江苏美术出版社,2001.

[17][法]雅克·德里达.书写与差异[M].张宁,译.北京:生活·读书·新知三联书店,2001.

[18][法]米歇尔·福柯.词与物:人文科学考古学[M].余碧平,译.上海:上海三联书店,2001.

[19]童庆炳,畅广元,梁道礼.全球化语境与民族文化、文学[M].北京:中国社会科学出版社,2002.

[20][美]大卫·雷·格里芬.超越解构——建设性后现代哲学的奠基者[M].鲍世斌,等,译.北京:中央编译出版社,2002.

[21]王澍.设计的开始[M].北京:中国建筑工业出版社,2002.

[22][美]尼古拉斯·古拉丹尼斯,凯尔·尔斯布朗.景观设计师便携手册[M].刘玉杰,吉庆萍,俞孔坚,译.北京:中国建筑工业出版社,2002.

[23][英]费勒斯通.消费文化与后现代主义[M].刘精明,译.南京:译林出版社,2002.

[24]方生,王岳川.后结构主义文论[M].济南:山东教育出版社,2002.

[25]俞孔坚,李迪华.景观设计:专业、学科与教育[M].北京:中国建筑工业出版社,2003.

[26][美]盖尔·格里特·汉娜.设计元素——罗伊娜·里德·科斯塔罗与视觉构成关系[M].李乐山,等,译.北京:中国水利水电出版社,2003.

[27][法]吉尔·德勒兹，费利克斯·瓜塔里. 游牧思想[M]. 陈永国，译. 长春：吉林人民出版社，2003.

[28]冯俊. 后现代主义哲学讲演录[M]. 北京：商务印书馆，2003.

[29]夏光. 后结构主义思潮与后现代社会理论[M]. 北京：社会科学文献出版社，2003.

[30]汪尚拙，薛皓东. 彼得·埃森曼作品集[M]. 天津：天津大学出版社，2003.

[31]李泽厚. 美学三书[M]. 天津：天津社会科学院出版社，2003.

[32]肖锦龙. 德里达的解构理论思想性质论[M]. 北京：中国社会科学出版社，2004.

[33][德]冯·格康·玛格及合作者建筑事务所. 国外著名设计事务所在中国丛书[M]. 何崴，译. 北京：清华大学出版社，2004.

[34][法]雅克·德里达. 多重立场[M]. 余碧平，译. 北京：三联书店出版社，2004.

[35]鲁苓. 视野融合——跨文化语境中的阐释与对话[M]. 北京：社会科学文献出版社，2004.

[36]刘滨谊. 现代景观规划设计[M]. 南京：东南大学出版社，2005.

[37][希]欧几里得. 几何原本[M]. 燕晓东，译. 北京：人民日报出版社，2005.

[38][美]彼得·埃森曼. 彼得·埃森曼：图解日志[M]. 陈欣欣，何捷，译. 北京：中国建筑工业出版社，2005.

[39][美]查尔斯·詹克斯，卡尔·克罗普夫. 当代建筑的理论和宣言[M]. 周王鹏，等，译. 北京：中国建筑工业出版社，2005.

[40]刘滨谊. 现代景观规划设计[M]. 南京：东南大学出版社，2005.

[41][德]克拉达，登博夫斯基. 福柯的迷宫[M]. 朱毅，译. 北京：商务印书馆，2005.

[42]俞孔坚. 生存的艺术[M]. 北京：中国建筑工业出版社，2006.

[43][法]雅克·德里达. 论文字学[M]. 汪堂家，译. 上海：上海译文出版社，2006.

[44]大师系列丛书编辑部. 彼得·埃森曼的作品与思想[M]. 北京：中国电力出版社，2006.

[45]刘滨谊. 景观教育的发展与创新[M]. 北京：中国建筑工业出版社，2006.

[46][芬]约·瑟帕玛. 环境之美[M]. 武小西，张宜，译. 长沙：湖南科学技术出版社，2006.

[47]俞孔坚. 生存的艺术[M]. 北京：中国建筑工业出版社，2006.

[48][法]雅克·德里达. 解构与思想的未来[M]. 夏可君，编校. 长春：吉林人民出版社，2006.

[49]大师系列丛书编辑部. 彼得·埃森曼的作品与思想[M]. 北京：中国电力出版
    社，2006.

[50]舒湘鄂. 景观设计[M]. 上海：东华大学出版社，2006.

[51]王南溟. 观念之后：艺术与批评[M]. 长沙：湖南美术出版社，2006.

[52][美]阿瑟·丹托. 美的滥用：美学与艺术的概念[M]. 王春辰，译. 南京：江苏人
    民出版社，2007.

[53][德]汉斯·罗易德，斯蒂芬·伯拉德. 开放空间[M]. 罗娟，雷波，译. 北京：中
    国电力出版社，2007.

[54][美]南·艾琳. 后现代城市主义[M]. 张冠增，译. 上海：同济大学出版社，2007.

[55]景观设计杂志社. 世界前沿景观设计 TOP50[M]. 大连：大连理工大学出版
    社，2007.

[56][美]理查德·加纳罗，特尔玛·阿特修勒. 艺术：让人成为人[M]. 舒予，译. 北
    京：北京大学出版社，2007.

[57][美]阿瑟·C. 丹托. 艺术的终结之后：当代艺术与历史的界限[M]. 王春辰，译.
    南京：江苏人民出版社，2007.

[58][美]詹姆士·科纳. 论当代景观建筑学的复兴[M]. 吴琨，韩晓晔，译. 北京：中
    国建筑工业出版社，2008.

[59]刘松茯，李静薇. 扎哈·哈迪德[M]. 北京：中国建筑工业出版社，2008.

[60]尹国均. 建筑事件——解构6人[M]. 重庆：西南师范大学出版社，2008.

[61][美]史蒂文·布拉萨. 景观美学[M]. 彭锋，译. 北京：北京大学出版社，2008.

[62][英]佩里·安德森. 后现代性的起源[M]. 紫辰，合章，译. 北京：中国社会科学
    出版社，2008.

[63][意]玛格丽塔·古乔内. 扎哈·哈迪德[M]. 大连：大连理工大学出版社，2008.

[64]刘松茯，李静薇. 扎哈·哈迪德[M]. 北京：中国建筑工业出版社，2008.

[65]张在元. 非建筑[M]. 天津：天津大学出版社，2008.

[66][美]罗伯特·文丘里. 建筑的复杂性与矛盾性[M]. 周卜颐，等，译. 北京：中国
    人民大学出版社，2008.

[67]布朗出版集团. 景观建筑设计 1000 例[M]. 周剑云，谢纯，译. 北京：中国建筑工
    业出版社，2009.

[68][美]罗伯特·威廉姆斯. 艺术理论：从荷马到鲍德里亚[M]. 徐春阳，汪瑞，王晓

鑫，译. 北京：北京大学出版社，2009.

[69]［美］卡斯比特. 艺术的终结［M］. 吴啸雷，译. 北京：北京大学出版，2009.

[70]张宁. 解构之旅·中国印记——德里达专集［M］. 南京：南京大学出版社，2009.

[71]吴晓明，邹诗鹏. 全球化背景下的现代性问题［M］. 重庆：重庆出版集团出版社，2009.

[72]刘松茯，孙巍巍. 雷姆·库哈斯［M］. 北京：中国建筑工业出版社，2009.

[73]范悦. 国际最 IN 建筑设计（下）［M］. 大连：大连理工大学出版社，2010.

[74]［美］凯文·凯利. 失控——全人类的最终命运和结局［M］. 张行舟，等，译. 北京：新星出版社，2010.

[75]方勇. 庄子［M］. 北京：中华书局，2010.

[76]［美］查尔斯·瓦尔德海姆. 景观都市主义［M］. 刘海龙，等，译. 北京：中国建筑工业出版社，2011.

[77]［美］查尔斯. 詹克斯. 现代主义的临界点：后现代主义向何处去？［M］. 丁宁，等，译. 北京：北京大学出版社，2011.

[78]［美］大卫·格里芬. 后现代精神［M］. 王成兵，译. 北京：中央编译出版社，2011.

[79]［澳］约翰·多维克. 后现代与大众文化［M］. 王敬慧，王瑶，译. 北京：北京大学出版社，2011.

[80]［英］建筑联盟学院. AA 创作英国 AA School 最新作品集（一）［M］. 李华，等，译. 北京：中国建筑工业出版社，2011.

[81]［英］建筑联盟学院编. AA 创作英国 AA School 最新作品集（二）［M］. 李华，等，译. 北京：中国建筑工业出版社，2011.

[82]李壮. 当代景观设计（1）［M］. 天津：天津大学出版社，2011.

[83]李壮. 当代景观设计（2）［M］. 天津：天津大学出版社，2011.

[84]［德］乌多·维拉赫. 景观文法：彼得·拉兹事务所的景观建筑［M］. 林长郁，张锦惠，译. 北京：中国建筑工业出版社，2011.

[85]周浩明，［芬］拜卡·高勒文玛，刘新. 持续之道：全球化背景下可持续艺术设计战略国际研讨会论文集［C］. 武汉：华中科技大学出版社，2011.

[86]［法］弗朗索瓦·多斯. 解构主义史［M］. 季广茂，译. 北京：金城出版社，2012.

[87]万书元. 当代西方建筑美学新潮［M］. 上海：同济大学出版社，2012.

[88]［挪］G. 希尔贝克，N. 贝伊耶. 西方哲学史：从古希腊到二十世纪［M］. 童世骏，

等，译. 上海：上海译文出版社，2012.

[89][加]汤姆·威尔伯斯. 参数化原型[M]. 刘延川，徐丰，译. 北京：清华大学出版社，2012.

[90]凤凰空间. 蓝天组——世界著名建筑设计事务所[M]. 南京：江苏人民出版社，2012.

[91]刘延川，AA中国同学会. 在AA学建筑[M]. 北京：中国电力出版社，2012.

[92]朱立元，张德兴，等. 二十世纪美学（下）[M]. 北京：北京师范大学出版社，2013.

[93][法]米歇尔·福柯. 疯癫与文明——理性时代的疯癫史[M]. 刘北成，杨远婴，译. 北京：三联书店，2013.

[94]赵鑫珊. 建筑是首哲理诗[M]. 第三版. 天津：百花文艺出版社，2013.

[95][法]菲利普·罗歇. 罗兰·巴尔特传[M]. 张祖建，译. 北京：中国人民大学出版社，2013.

[96]同济大学. 交织：上海南外滩地块城市设计[M]. 北京：中国建筑工业出版社，2013.

[97]成玉宁，杨锐. 数字景观——中国首届数字景观国际论坛[M]. 南京：东南大学出版社，2013.

[98]凤凰空间. 创意分析——图解景观与规划[M]. 南京：江苏人民出版社，2013.

[99][法]伊夫·米肖. 当代艺术的危机：乌托邦的终结[M]. 王名南，译. 北京：北京大学出版社，2013. 02.

[100][美]M. Elen Deming，[新西兰]Simon Swaffield. 景观设计学——调查·策略·设计[M]. 陈晓宇，译. 北京：电子工业出版社，2013.

[101][英]达伦·迪恩. 诺丁汉100：研究主导型设计室文化[M]. 王琦，译. 北京：中国建筑工业出版社，2014.

[102]蔡梁峰. 景观设计之方块之美[M]. 北京：中国林业出版社，2014.

[103]王向荣，林箐. 西方现代景观设计的理论与实践[M]. 北京：中国建筑工业出版社，2014.

[104][美]艾莉森·利·布朗. 福柯[M]. 聂保平，译. 北京：中华书局，2014.

[105][美]乔纳森·卡勒. 罗兰·巴特[M]. 陆赟，译. 北京：译林出版社，2014.

[106][美]莫森·莫斯塔法维，加雷斯·多尔蒂. 生态都市主义[M]. 俞孔坚，译. 南

京：江苏科学技术出版社，2014.

[107]马岩松. 山水城市[M]. 桂林：广西师范大学出版社，2014.

[108]王端廷. 重建巴别塔：全球化时代的中西当代艺术[M]. 北京：北京时代华文书局，2015.

[109]段炼. 视觉文化与视觉艺术符号学[M]. 成都：四川大学出版社，2015.

[110]蔡梁峰，吴晓华. 景观设计之曲线之美[M]. 北京：中国林业出版社，2015.

[111]朱逊，张伶伶. 当代环境艺术的审美描述[M]. 哈尔滨：哈尔滨工业大学出版社，2015.

[112]董治年. 作为研究的设计：CHAOS 可持续设计的理论与实践[M]. 北京：化学工业出版社，2015.

[113][意]克罗齐. 美学的历史[M]. 北京：商务印书馆，2015.

[114][英]罗伯特·霍尔登，杰米·利沃塞吉. 景观设计学[M]. 朱利敏，译. 北京：中国青年出版社，2015.

[115][法]雅克·德里达. 解构与思想的未来[M]. 夏可君，译. 长春：吉林人民出版社，2015.

[116][英]弗兰克·理查德·考威尔著. 作为美术的园林艺术园从古代到现代[M]. 董雅，初冬，赵伟，译. 武汉：华中科技大学出版社，2015.

[117][美]吉姆·鲍威尔. 图解后现代主义[M]. 章辉，译. 重庆：重庆大学出版社，2015.

[118]上海当代艺术博物馆. 伯纳德·屈米——建筑：概念与记号[M]. 杭州：中国美术学院出版社，2016.

[119][英]凯文·思韦茨，伊恩·西姆金斯. 体验式景观——人、场所与空间的关系[M]. 陈玉洁，译. 北京：中国建筑工业出版社，2016.

[120][法]阿兰·巴哈东. 花园词典[M]. 曹帅，译. 北京：北京联合出版公司出版，2019.

[121]童寯. 东南别墅[M]. 童明，译. 长沙：湖南美术出版社，2018.

[122][英]弗兰克·理查德·考威尔. 作为美术的园林艺术 从古代到现代[M]. 董雅，初冬，赵伟，译. 武汉：华中科技大学出版社，2015.

[123]中国风景园林学会. 中国风景园林学会 2018 年会论文集[C]. 北京：中国建筑工业出版社，2018.

[124]融通合洽：清华大学风景园林学书成果集[M].北京：中国建筑工业出版社，2013.

[125](明)计成，刘艳春.园冶[M].南京：江苏凤凰文艺出版社，2015.

[126]张四正.园林谈美[M].北京：中国广播电视出版社，2010.

[127]高艳，黄炎子，孙科峰.建筑诗：风景建筑形式语言[M].杭州：浙江大学出版社，2021.

[128]李利.自然的人化——风景园林中自然生态向人文生态演进理念解析[M].南京：东南大学出版社，2012.

[129]王向荣.景观笔记——自然·文化·设计[M].北京：三联书店，2019.

[130]汪菊渊.吞山怀古——中国山水园林艺术[M].北京：北京出版集团北京出版社，2021.

[131]孟兆祯.孟兆祯文集——风景园林理论与实践[M].天津：天津大学出版社，2011.

[132]中国园林博物馆，生态园林与城市建设——程绪珂先生访谈[M].中国园林博物馆学刊，2019.

[133]成玉宁.数字景观——逻辑·结构·方法与运用[M].南京：东南大学出版社，2019.

二、外文文献

[1]Peter Eisenman. Notes on Conceptual Architecture：Towards Definition. Design Quarterly[J]. Conceptual Architecture，No. 8/79，1970.

[2]Norman T. Newton. Design on the Land：The Development ofLandscape Architecture[M]. Cambridge：The Belknap Press of Harvard University，1971.

[3]Hymes，D. Models of the Interaction of Language and Social Life[A]. In：J. Gumperz & D. Hymes（eds.）. Directions in Sociolinguistic[C]. New York：Holt，Rinehart & Winston Press，1972.

[4]Charles Jencks. The Evolution from Modern Architecture[J]. Journal of the Royal Society of Arts，Vol. 127，No. 5280，1979.

[5]Jacques Derrida. Positions[M]. London：Athlone Press，1981.

[6]Denis Donoghue. Deconstruction：Theory and Practice（review）[J]. Philosophy and

Literature, Vol. 7, No. 2, 1983.

[7]Michel Foucault. This is Not a Pipe [M]. James Harkness. Berkeley: University of California Press, 1983.

[8]Peter Eisenman. The End of the Classical: The End of the Beginning, the End of the End[J]. Perspecta, Vol. 21, 1984.

[9]P Goode. The Oxford Companion to Gardens[M]. Oxford: Oxford University Press, 1986.

[10]Joseph G. Kronick. Philosophy Beside Itself: On Deconstruction and Modernism (review)[J]. Philosophy and Literature, Vol. 11, No. 2, 1987.

[11]Tadahiko Higuchi. The Visual and Spatial Structure of Landscapes [M]. Boston: MIT Press, 1988.

[12]G Santayana, George, WG Holzberger, et al. The Sense of Beauty: Being The Outlines of Aesthetic Theory[M]. Boston: MIT Press, 1988.

[13]John Adkins Richardson. Post-Modernism by Charles Jencks[J]. Journal of Aesthetic Education, Vol. 23, No. 4, 1989.

[14]Daniel Libeskind. Between the Lines: Extension to the Berlin Museum, with the Jewish Museum[J]. Assemblage, No. 12, 1990.

[15]David Jacques. On the Supposed Chineseness of the English Landscape Garden [J]. Garden History, Vol. 18, No. 2, 1990.

[16]Peter Eisenman. Post/El Cards: A Reply to Jacques Derrida [J]. Assemblage, No. 12, 1990.

[17]Norman K. Booth. Basic Elements of Landscape Architecture Design[M]. Ohio State University, America: Waveland Press, Inc, 1990.

[18]Wanda T. May. Philosopher as Researcher and/or Begging the Question(s) [J]. Studies in Art Education, Vol. 33, No. 4, 1992.

[19]Peter Eisenman. Visions Unfolding [M]. Andreas Papadakis, Geoffrey Broadbent & Maggie Toy (Editor): Free Spirit in Architecture. New York: St. Martins Press, 1992.

[20]Peter Eisenman. Not the Last Word. ANY: Architecture New York [J]. Writing in Architecture, 1993.

[21]Jacques Derrida, Peter Eisenman. Talking About Writing. ANY: Architecture New York [J]. Writing in Architecture, 1993.

［22］Thomas Patin. From Deep Structure to an Architecture in Suspense: Peter Eisenman, Structuralism, and Deconstruction［J］. Journal of Architectural Education, Vol. 47, No. 2, 1993.

［23］Bernard Tschumi. Manhattan Transcripts［M］. 2 edition. New York: Wiley Press, 1994.

［24］Charles Jencks. High-Tech Slides to Organi-Tech. ANY: Architecture New York［J］. No. 10, Mech in Tecture: Reconsidering the Mechanical in the Electronic Era, 1995.

［25］Rem Koolhaas. S, M, L, XL［M］. New York: The Monacelli Press, 1995.

［26］SandorGoodhart. Violence and Difference. Girard, Derrida, and Deconstruction (review)［J］. Philosophy and Literature, Vol. 20, No. 1, 1996.

［27］Waldheizn. Charles: The Landscape Urbanism Reader［M］. Princeton: Princeton Architecture Press, 1996.

［28］Lyons, John, Semantics［M］. London: Cambridge University Press, 1997.

［29］Allen S, From Object to Field［J］. Architectural Design, Vol. 67, No. 5/6, 1997.

［30］Rem Koolhaas. Delirious New York: A Retroactive Manifesto for Manhattan［M］. New York: Monacelli Press, 1997.

［31］Anne Whiston Spirn. The Languageof Landscape［M］. New Haven: Yale University Press, 1998.

［32］Alastair Wright. Architectures: Matisse and the End of (Art) History［J］. October, Vol. 84, 1998.

［33］Gail Day. Allegory: Between Deconstruction and Dialectics［J］. Oxford Art Journal, Vol. 22, No. 1, 1999.

［34］Ann Whiston Spirn. The Language of Landscape［M］. New Haven: Yale University Press, 2000.

［35］Barbara Bender. Time and Landscape. Current Anthropology［J］. Vol. 43, Supplement: Repertoires of Timekeeping in Anthropology, 2002.

［36］Simon Bell. Element of Visual Design in the Landscape［M］. 2 Edition. New York: Routledge Press, 2004.

［37］Zaha Hadid. Zaha Hadid［J］. Perspecta, Vol. 37, Famous, 2005.

［38］Charles Jencks. Critical Modernism: Where is Post-Modernism Going? What is Post-Modernism?［M］. America: Wiley-Academy Press, 2007.

［39］Wayne M. Getzab, David Saltz. A Framework for Generating and Analyzing Movement Paths on Ecological Landscapes［J］. Proceedings of the National Academy of Sciences of the United States of America, Vol. 105, No. 49, 2008).

［40］Christopher Kul-Want. Philosophers on Art from Kant to the Postmodernists: A Critical Reader［M］. Columbia: Columbia University Press, 2010.

［41］Paul van Beek & Charles Vermaas. Landscapology: Learning to Landscape the City［M］. Amsterdam: Arcihtecture & Natura Press, 2011.

［42］Barbara Abbs, Patrick Bowe, Kathryn Bradley-Hole, et al. The Contemporary Garden［M］. New York: Phaidon Press, 2011.

［43］Rachel DeLue, James Elkins. Landscape Theory［M］. New York: Routledge Press, 2007.

［44］Marc Treib. Meaning in Landscape Architecture and Gardens［M］. New York: Routledge Press, 2011.

［45］Norman K. Booth. Foundations of Landscape Architecture: Integrating Form and Space Using the Language of Site Design［M］. New York: Wiley Press, 2011.

［46］Jean Baudrilard, The Illusion of the End［J］. Journal of Physics C Solid State Physics, 2011, 2(8).

［47］Nadia Asmoroso. Digital Landscape Architecture Now［M］. London: Thames & Hudson Press, 2012.

［48］Jillian Walliss, Heike Rahmann. Landscape Architecture and Digital Technologies: Re-conceptualising Design and Making［M］. London: Thames & Hudson Press, 2012.

［49］Soren Jehoiakim Ethan. Peter Eisenman: Columbus, Ohio, Christopher, Ohin State University［M］. America: Volv Press, 2012.

［50］Bernard Tschumi. Architecture Concepts: Red is Not a Color［M］. America: Rizzoli Press, 2012.

［51］Simon Bell. Landscape: Pattern, Perception and Process［M］. Second Edition. London and New York: Routledge Press, 2012.

［52］Paula Deitz. Of Gardens: Selected Essays［M］. Pennsylvania: University of Pennsylvania Press, 2016.

［53］John Dixon Hunt. Site, Sight, Insight: Essays on Landscape Architecture［M］. Pennsylvania: University of Pennsylvania Press, 2016.

[54] Aljubori L, Alalouch C. Finding Harmony in Chaos: The Role of the Golden Rectangle in Deconstructive Architecture [J]. Archnet-IJAR: International Journal of Architectural Research, 2018.

[55] Alhefnawi, MAM Sustainability in Deconstructivism: A Flexibility Approach [J]. Arabian Journal for Science and Engineering, 2018.

三、学位论文

[1] 张斌. 现代哲学、美学影响下的西方景观设计解读 [D]. 武汉：华中农业大学，2003.

[2] 李兴. 新"步移景异观"——论西方当代环境艺术设计中解构风格的形成和启示 [D]. 上海：东华大学，2005.

[3] 施庆利. 福柯"空间理论"渊源与影响研究 [D]. 济南：山东大学，2010.

[4] 杨文臣. 当代西方环境美学研究 [D]. 济南：山东大学，2010.

[5] 邰杰. 基于形式的景观艺术研究 [D]. 南京：东南大学，2011.

[6] 匡玮. 基于非线性思维观的景观设计策略研究 [D]. 北京：北京林业大学，2011.

[7] 黄凯. 非线性景观设计的理论与方法研究 [D]. 长沙：中南大学，2011.

[8] 常兵. 当代西方景观审美范式研究 [D]. 哈尔滨：哈尔滨工业大学，2013.

[9] 邱天怡. 审美体验下的当代西方景观叙事研究 [D]. 哈尔滨：哈尔滨工业大学，2014.

[10] 申友林. 中国当代建筑坡屋顶形态及其建构研究 [D]. 泉州：华侨大学，2020.

[11] 王洋. 从结构到解构 [D]. 长春：吉林艺术学院，2020.

[12] 刘洪琴. 解析与重塑 [D]. 重庆：四川美术学院，2019.

[13] 原艺洋. 建筑非建构表现手法研究 [D]. 南京：南京艺术学院，2019.

[14] 董昌恒. 拓扑生形 [D]. 南京：南京艺术学院，2019.

四、中文期刊

[1] 何兆熊. 语用、意义和语境 [J]. 外国语，1987(5).

[2] 邹晖. 设计的辩证方法 [J]. 新建筑，1992(4).

［3］徐千里.建筑的存在方式及其美学涵义［J］.华中建筑，1998（4）.

［4］邬烈炎.德里达与埃森曼：关于解构主义的理论与实践［J］.学海，2001（6）.

［5］蒙小英.建筑形态的流变：混沌与复杂性的解读［J］.工业建筑，2005（35）.

［6］福柯.王品译.异质空间［J］.世界哲学，2006（6）.

［7］杨义芬，沈守云.当代景观建筑设计思潮之解构主义［J］.山西建筑，2006（9）.

［8］［美］卡尔·斯坦尼兹.迈向21世纪的景观设计［J］.景观设计学，2010（5）.

［9］王云才，王敏.图示化与语言化教学：西蒙·贝尔与安妮·斯派恩的风景园林教育观［J］.风景园林教育，2013（06）.

［10］蔡凌豪.风景园林数字化规划设计概念谱系与流程图解［J］.风景园林，2013（2）.

［11］沈洁.从哲学美学看中西方传统园林美的差异［J］.风景园林论坛，2013（07）.

［12］申屠云峰.解构主义文论的一部力作——《意识形态修辞美学：献给德曼》评介［J］.外国文学动态研究，2015（4）.

［13］徐凌云，王云才.从景观都市主义到生态都市主义［J］.中国城市林业，2015（12）.

［14］蒙小英.基于图式的景观图式语言表达［J］.中国园林，2016（2）.

［15］李泓锐，朱炜.蒙小英.审美人生：尼采美学思想在现代设计中的思考与探究［J］.设计，2022（5）.

［16］王洁，邓庆坦.艾森曼早期数字建筑形式生成方法研究［J］.中外建筑，2021（12）.

［17］王思雨，邓庆坦.从几何折叠到自然褶皱——当代解构建筑的复杂形态演变解析［J］.中外建筑，2020（11）.

［18］陈鸿雁.从哲学到空间的延续——解构主义思想对设计实践的启发［J］.美术学报，2016（2）.

［19］林婧颖，李霞，吴小刚.景观叙事在美丽乡村建设中的应用［J］.中国城市林业，2020（4）.

［20］赵平垣."元设计"的启示——文化研究视野中的设计方法论思考［J］.天津美术学院学报，2019（2）.

［21］周悠然.多元背景下新型城市公园设计初探——以巴黎拉维莱特公园为例［J］.设计，2019（1）.

后　记

　　本书的写作，是基于本人博士阶段的研究成果，经过不断充实、斟酌和修改而成。由于内容涉及面很广、涉及的问题很复杂，限于个人水平，书中难免存在不足之处，希望读者给予批评和指正。本人也会在今后的研究中，进一步对论著进行修改和完善。

　　诚挚地感谢导师易西多教授、师母何方教授，以及潘长学教授、范明华教授、李蔚青教授等良师益友为本书提出建设性意见。同时，我也要感谢国际风景园林师联合会（IFLA）主席、新西兰维多利亚大学建筑学院副院长 Bruno Marques 先生在本人访学期间提供指导和帮助。Jonathan Milne 先生为我提供访学机会，为论文提出中肯建议并赠予英文文献资料；在本书写作过程中，Janet Andrews 女士和 Peter Coates 先生不遗余力地为我搜集了大量国外的相关资料；我的父母和家人，给予我极大的支持、包容和鼓励，在此一并表示衷心的感谢！

邹　喆

2024 年 6 月